学术引领系列

学科发展战略研究丛书

我国地震减灾中地震学面临的巨大挑战

温联星　陈　颙　于　晟　编著

科学出版社

北　京

内 容 简 介

本书结合地震学与社会需求，以科学问题为核心，前瞻性地提出了我国在地震减灾中地震学所面临的七个巨大挑战和两个重大工程。对于每个巨大挑战，首先回顾了当前的科学前沿，针对性地指出了地震减灾中面临的关键科学问题，并提出主要建议。对于重大工程，提出了在迎接巨大挑战中，我国所必需的全国性基础设施建设和教育拓展工程。

本书言简意赅、图文并茂、通俗易懂，可供从事地震学研究的科研工作者、研究生以及本科生，政策制定者及社会公众参考使用。

图书在版编目（CIP）数据

我国地震减灾中地震学面临的巨大挑战／温联星，陈颙，于晟编著.—北京：科学出版社，2011
  ISBN 978-7-03-032200-5

  Ⅰ.①我… Ⅱ.①温… ②陈… ③于… Ⅲ.①地震学—研究—中国
Ⅳ.①P315

中国版本图书馆CIP数据核字（2011）第174585号

责任编辑：张　尉　杨帅英／责任校对：何艳萍
责任印制：钱玉芬／封面设计：黄华斌
内文设计：北京美光制版有限公司

科 学 出 版 社 出版
北京东黄城根北街16号
邮政编码：100717
http://www.sciencep.com

北京佳信达欣艺术印刷有限公司 印刷
科学出版社发行　各地新华书店经销
*

2011年9月第 一 版　　开本：787×1092　1/16
2017年3月第二次印刷　　印张：5 1/4
　　　　　　　　　　　　字数：100 000

定价：98.00元
（如有印装质量问题，我社负责调换）

编著者

温联星	中国科学技术大学，美国纽约州立大学石溪分校
陈颙	中国地震局地球物理研究所
于晟	国家自然科学基金委员会

合作者

艾印双	中国科学院地质与地球物理研究所
陈棋福	中国地震局地震预测研究所
陈晓非	中国科学技术大学
陈彧	美国纽约州立大学石溪分校
戴志阳	美国纽约州立大学石溪分校，中国科学技术大学
刘瑞丰	中国地震台网中心
高孟潭	中国地震局地球物理研究所
高锐	中国地质科学院地质研究所
何宏林	中国地震局地质研究所
何玉梅	中国科学院地质与地球物理研究所
李红谊	中国地质大学（北京）
龙晖	美国纽约州立大学石溪分校
倪四道	中国科学技术大学
任金卫	中国地震局地震预测研究所
王宝善	中国地震局地球物理研究所
王椿镛	中国地震局地球物理研究所
王卫民	中国科学院青藏高原研究所
吴忠良	中国地震局地球物理研究所
谢富仁	中国地震局地壳应力研究所
许绍燮	中国地震局地球物理研究所
徐锡伟	中国地震局地质研究所
张培震	中国地震局地质研究所
张忠杰	中国科学院地质与地球物理研究所
赵亮	中国科学院地质与地球物理研究所

九层之台，起于累土

近代科学诞生以来，科学的光辉引领和促进了人类文明的进步，在人类不断深化对自然和社会认识的过程中，形成了以学科为重要标志的、丰富的科学知识体系。学科不但是科学知识的基本的单元，同时也是科学活动的基本单元：每一学科都有其特定的问题域、研究方法、学术传统乃至学术共同体，都有其独特的历史发展轨迹；学科内和学科间的思想互动，为科学创新提供了原动力。因此，发展科技，必须研究并把握学科内部运作及其与社会相互作用的机制及规律。

中国科学院学部作为我国自然科学的最高学术机构和国家在科学技术方面的最高咨询机构，历来十分重视研究学科发展战略。2009年4月与国家自然科学基金委员会联合启动了"2011－2020年我国学科发展战略研究"19个专题咨询研究，并组建了总体报告研究组。在此工作基础上，为持续深入开展有关研究，学部于2010年底，在一些特定的领域和方向上重点部署了学科发展战略研究项目，研究报告现以"学科发展战略研究丛书"方式系列出版，供大家交流讨论，希望起到引导之效。

根据学科发展战略研究总体研究工作成果，我们特别注意到学科发展的以下几方面的特征和趋势。

一是学科发展已越出单一学科的范围，呈现出集群化发展的态势，呈现出多学科互动共同导致学科分化整合的机制。学科间交叉和融合、重点突破和"整体统一"，成为许多相关学科得以实现集群式发展的重要方式，一些学科的边界更加模糊。

二是学科发展体现了一定的周期性，一般要经历源头创新期、创新密集区、完善与扩散期。并在科学革命性突破的基础上螺旋上升式发展，进入新一轮发展周期。根据不同阶段的学科发展特点，实现学科均衡与协调发展成为了学科整体发展的必然要求。

三是学科发展的驱动因素、研究方式和表征方式发生了相应的变化。学科的发展以好奇心牵引下的问题驱动为主，逐渐向社会需求牵引下的问题驱动转变；计算成为了理论、实验之外的第三种研究方式；基于动态模拟和图像显示等信息技术，为各学科纯粹的抽象数学语言提供了更加生动、直观的辅助表征手段。

四是科学方法和工具的突破与学科发展互相促进作用更加显著。技术科学的进步为激发新现象并揭示物质多尺度、极端条件下的本质和规律提供了积极有效手段。同时，学科的进步也为技术科学的发展和催生战略新兴产业奠定了重要基础。

五是文化、制度成为了促进学科发展的重要前提。崇尚科学精神的文化环境、避免过多行政干预和利益博弈的制度建设、追求可持续发展的目标和思想，将不仅极大促进传统学科和当代新兴学科的快速发展，而且也为人才成长并进而促进学科创新提供了必要条件。

我国学科体系由西方移植而来，学科制度的跨文化移植及其在中国文化中的本土化进程，延续已达百年之久，至今仍未结束。

鸦片战争之后，代数学、微积分、三角学、概率论、解析几何、力学、声学、光学、电学、化学、生物学和工程科学等的近代科学知识被介绍到中国，其中有些知识成为一些学堂和书院的教学内容。1904年清政府颁布"癸卯学制"，该学制将科学技术分为格致科（自然科学）、农业科、工艺科和医术科，各科又分为诸多学科。1905年清朝废除科举，此后中国传统学科体系逐步被来自西方的新学科体系取代。

民国时期现代教育发展较快，科学社团与科研机构纷纷创建，现代学科体系的框架基础成型，一些重要学科实现了制度化。大学引进欧美的通才教育模式，培育各学科的人才。1912年詹天佑发起成立中华工程师会，该会后来与类似团体合为中国工程师学会。1914年留学美国的学者创办中国科学社。1922年中国地质学会成立，此后，生理、地理、气象、天文、植物、动物、物理、化学、机械、水利、统计、航空、药学、医学、农学、数学等学科的学会相继创建。这些学会及其创办的《科学》、《工程》等期刊加速了现代学科体系在中国的构建和本土化。1928年国民政府创建中央研究院，这标志着现代科学技术研究在中国的制度化。中央研究院主要开展数学、天文学与气象学、物理学、化学、地质与地理学、生物科学、人类学与考古学、社会科学、工程科学、农林学、医学等学科的研究，将现代学科在中国的建设提升到了研究层次。

中华人民共和国建立之后，学科建设进入了一个新阶段，逐步形成了比较完整的体系。1949年11月新中国组建了中国科学院，建设以学科为基础的各类研究所。1952年，教育部对全国高等学校进行院系调整，推行苏联式的专业教育模式，学科体系不断细化。1956年，国家制定出《十二年科学技术发展远景规划纲要》，该规划包括57项任务和12个重点项目。规划制定过程中形成的"以任务带学科"的理念主导了以后全国科技发展的模式。1978年召开全国科学大会之后，科学技术事业从国防动力向经济动力的转变，推进了科学技术转化为生产力的进程。

科技规划和"任务带学科"模式都加速了我国科研的尖端研究，有力带动了核技术、航天技术、电子学、半导体、计算技术、自动化等前沿学科建设与新方向的开辟，填补了学科和领域的空白，不断奠定工业化建设与国防建设的科学技术基础。不过，这种模式在某些时期或多或少地弱化了学科的基础建设、前瞻发展与创新活力。比如，发展尖端技术的任务直接带动了计算机技术的兴起与计算机的研制，但科研力量长期跟着任务走，而对学科建设着力不够，已成为制约我国计算机科学技术发展的"短板"。面对建设创新型国家的历史使命，我国亟待夯实学科基础，为科学技术的持续发展与创新能力的提升而开辟知识源泉。

反思现代科学学科制度在我国移植与本土化的进程，应该看到，20世纪上半叶，由于西方列强和日本入侵，再加上频繁的内战，科学与救亡结下了不解之缘，新中国建立以来，更是长期面临着经济建设和国家安全的紧迫任务。中国科学家、政治家、思想家乃至一般民众均不得不以实用的心态考虑科学及学科发展问题，我国科学体制缺乏应有的学科独立发展空间和学术自主意识。改革开放以来，中国取得了卓越的经济建设成就，今天我们可以也应该静下心来思考"任务"与学科的相互关系，重审学科发展战略。

现代科学不仅表现为其最终成果的科学知识，还包括这些知识背后的科学方法、科学思想和科学精神，以及让科学得以运行的科学体制，科学家的行为规范和科学价值观。相对于我国的传统文化，现代科学是一个"陌生的"、"移植的"东西。尽管西方科学传入我们已有一百多年的历史，但我们更多地还是关注器物层面，强调科学之实用价值，而较少触及科学的文化层面，未能有效而普遍地触及到整个科学文化的移植和本土化问题。中国传统文化以及当今的社会文化仍在深刻地影响着中国科学的灵魂。可以说，迄20世纪结束，我国移植了现代科学及其学科体制，却在很大程度上拒斥与之相关的科学文化及相应制度安排。

科学是一项探索真理的事业，学科发展也有其内在的目标，探求真理的目标。在科技政策制定过程中，以外在的目标替代学科发展的内在目标，或是只看到外在目标而未能看到内在目标，均是不适当的。现代科学制度化进程的含义就在于：探索真理对于人类发展来说是必要的和有至上价值的，因而现代社会和国家须为探索真理的事业和人们提供制度性的支持和保护，须为之提供稳定的经费支持，更须为之提供基本的学术自由。

20世纪以来，科学与国家的目的不可分割地联系在一起，科学事业的发展不可避免地要接受来自政府的直接或间接的支持、监督或干预，但这并不意味着，从此便不再谈科学自主和自由。事实上，在现当代条件下，在制定国家科技政策时充分考虑"任务"和学科的平衡，不但是最大限度实现学术自由、提升科学创造活力的有效路径，同时也是让科学服务于国家和社会需要的最有效的做法。这里存在着这样一种辩证法：科学技术系统只有在具有高度创造活力的情形下，才能在创新型国家建设过程中发挥最大作用。

在全社会范围内创造一种允许失败、自由探讨的科研氛围；尊重学科发展的内在规律，让科研人员充分发挥自己的创造潜能；充分尊重科学家的个人自由，不以"任务"作为学科发展的目标，让科学共同体自主地来决定学科的发展方向。这样做的结果往往比事先规划要更加激动人心。比如，19世纪末德国化学学科的发展史就充分说明了这一点。从内部条件上讲，首先是由于洪堡兄弟所创办的新型大学模式，主张教与学的自由、教学与研究相结合，使得自由创新成为德国的主流学术生态。从外部环境来看，德国是一个后发国家，不像英、法等国拥有大量的海外殖民地，只有依赖技术创新弥补资源的稀缺。在强大爱国热情的感召下，德国化学家的创新激情迸发，与市场开发相结合，在染料工业、化学制药工业方面进步神速，十余年间便领先于世界。

中国科学院作为国家科技事业"火车头"，有责任提升我国原始创新能力，有责任解决关系国家全局和长远发展的基础性、前瞻性、战略性重大科技问题，有责任引领中国科学走自主创新之路。中国科学院学部汇聚了我国优秀科学家的代表，更要责无旁贷地承担起引领中国科技进步和创新的重任，系统、深入地对自然科学各学科进行前瞻性战略研究。这一研究工作，旨在系统梳理世界自然科学各学科的发展历程，总结各学科的发展规律和内在逻辑，前瞻各学科中长期发展趋势，从而提炼出学科前沿的重大科学问题，提出学科发展的新概念和新思路。开展学科发展战略研究，也要面向我国现代化建设的长远战略需求，系统分析科技创新对人类社会发展和我国现代化进程的影响，注重新技术、新方法和新手段研究，提炼出符合中国发展需求的新问题和重大战略方向。开展学科发展战略研究，还要从支撑学科发展的软、硬件环境和建设国家创新体系的整体要求出发，重点关注学科政策、重点领域、人才培养、经费投入、基础平台、管理体制等核心要素，为学科的均衡、持续、健康发展出谋划策。

2010年，在中国科学院各学部常委会的领导下，各学部依托国内高水平科研教育等单位，积极酝酿和组建了以院士为主体、众多专家参与的学科发展战略研究组。经过各研究组的深入调查和广泛研讨，形成了学科发展战略系列研究报告，将以"国家科学思想库－学术引领系列"陆续出版。学部诚挚感谢为学科发展战略研究付出心血的院士、专家们！

按照学部"十二五"工作规划部署，学科发展战略研究将持续开展，希望学科发展战略系列研究报告持续关注前沿，不断推陈出新，引导广大科学家与中国科学院学部一起，把握世界科学发展动态，夯实中国科学发展的基础，共同推动中国科学早日实现创新跨越！

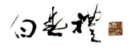

2011年8月24日

前 言

2008年5月12日汶川大地震导致了近八万同胞罹难、4500万人受灾和8451亿元的直接损失。这是自1976年唐山大地震以来，我国死亡人数最多的一次地震灾害。为了更有效地了解我国地震灾害以及加强我国将来地震减灾工作，2010年夏，中国科学院、国家自然科学基金委员会和中国地震局成立一个专项工作组。该工作组对于如何改进我国地震减灾工作中地震学面临的巨大挑战和重大工程提交了一份报告，本书就是该工作组的咨询研究报告。

防震减灾牵涉科学、工程和政策等各个方面，其中包括地震预报、地震灾害分析、地表强地面运动和破坏的快速评估、震后快速救援，以及抗震建筑法规的制定和施行。

地震预报在本书中指的是精确预报地震发生的时间、地点和震级。它仍是地震学界的重要目标和世界性难题，也是个极有争论性的科学问题。无论如何，目前科学界的共识是，现在还没有一种证明可行的方法可预报地震。本书将不讨论地震预报的科学问题，我们认为这个问题更适合在同行评议的研究中讨论。

在我国制定和施行防震建筑法规是地震减灾的一个极其重要的部分，实现这个目标需要地震学界、工程界和国家政策制定者的紧密合作。本书仅涉及这个目标的有关于地震学部分，我们建议有关部门同时讨论、制定和施行抗震建筑法规及相关政策。

本书提出了在改进我国地震减灾中所面临的七个巨大挑战和两个重大工程。巨大挑战针对地震减灾中面临的重大科学问题，而重大工程则提出了在迎接巨大挑战中我国必需的基础设施建设和教育拓展工程。对于每个巨大挑战，首先回顾了当前科学前沿，指出关键科学问题，并提出主要建议。

巨大挑战围绕着我国地震减灾中面临的如下科学问题：为什么会发生地震以及地震怎么发生？地震产生的地表强地面运动是什么样的？地震在我国是怎么分布的？地震与地球表面的形变和应力分布的关系是什么？地震与印度—欧亚板块碰撞之间的关系是什么？地震与近地表介质及应力随时间变化的关系是什么？产生地震的驱动力是什么？

　　地震学是一个以观察为主的学科，并在广阔科学和社会领域发挥着纽带作用。在地震学的历史里，所有主要发现和进展都是由于科学设备的创新和观测台网的改进。地震学的发展同时需要公众和政府的支持，以及年轻优秀人才的加盟。因此，每个巨大挑战的成功取决于一个现代化的地球物理观测系统来提供科学数据，和一个有效的教育拓展计划来提高全民对地震科学的认知、兴趣和了解。两个重大工程即针对以上目标。

　　巨大挑战一讨论了和"为什么会发生地震和地震如何发生"相关的五个根本性问题：①大震滑动发生在什么区域？②断层以什么方式滑动？为什么？③控制不同类型断层滑动的参数和物理定律是什么？④断裂带的精细结构是什么？⑤潜在大震可能如何滑动？

　　巨大挑战二讨论了地震导致怎样的强地面震动的问题，其中包括盆地的复杂地质结构，地震波在复杂地质及介质结构中的传播理论和方法，以及土壤在大地震中的非线性效应。

　　巨大挑战三讨论了我国的地震如何分布的相关问题，其中包括建立中国区域的块体构造理论，用于理解我国区内的大震。挑战包括如何识别我国区域内不同构造块体，以及建立其运动学模型并对块体驱动力进行定量化。

巨大挑战四讨论了地表的应力和应变分布与地震的关系的相关问题，包括定量测量和研究我国的应变和应力分布，探索应力、应变与地震、构造驱动力及地球流变结构之间的关系。

巨大挑战五讨论了我国地震与印度—欧亚板块碰撞的关系的相关问题，包括探索青藏高原的内部结构、地表形变和隆升机制，以及它们对地震灾害的指示意义。

巨大挑战六讨论了地震与近地表介质及应力随时间变化的关系的相关问题，包括研究近地表随时间变化，以及它对地震灾害、地震孕育过程、断层活动、震后还原、断层愈合过程、地震重复性和地表流变结构的指示意义。

巨大挑战七讨论了导致地震的驱动力的问题，包括理解地球的内部结构、成分与温度，定量研究区域构造的驱动力。

重大工程一回顾了我国地球物理观测系统的现状，指出了面临的挑战，提出了需要在我国建设现代化观测台网的要求。

重大工程二指出了我国需要开展的地震学教育拓展项目，以此向公众提供实时地震信息，提高公众的防震意识和对地震科学的认知、兴趣和了解，以及敦促国家有关机构和国内大学对地震学重视。

目　录

巨大挑战一
地震断层的破裂过程

小震使断层局部发生破裂，而大震则会使断层大面积破裂，很多时候破裂甚至贯穿数个断层。地震学的最新发现显示，除一般地震破裂外，断层滑动还表现出诸多类型和特性，包括慢滑移、间歇性非火山脉动和超剪切破裂。慢滑移持续许多天而且仅能被GPS接收器和应变计观测到；

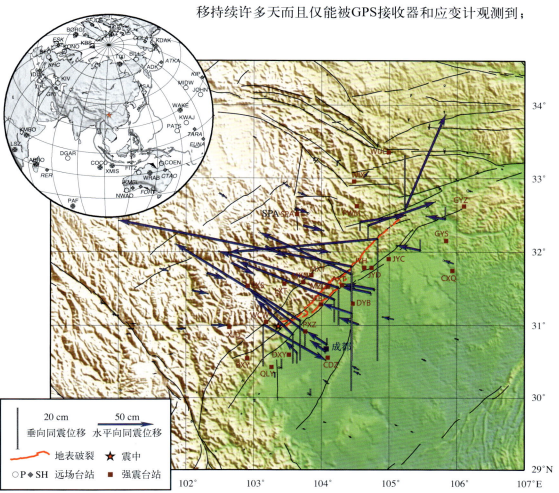

图1　2008年5月12日汶川地震中记录到地震波的远场地震台站、近场强震台站、GPS台站（箭头和竖线的起点）及其同震位移分布。（供图 / 王卫民）

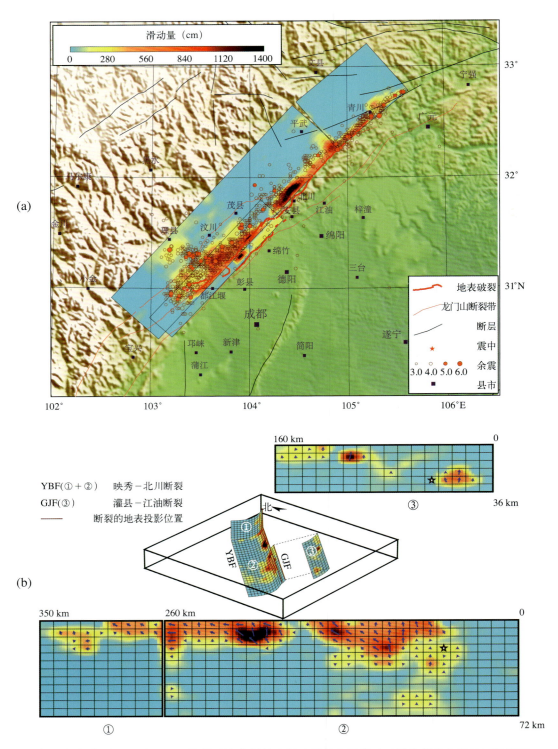

图 2 （a）自图 1 地震和 GPS 资料反演获得的汶川地震的主震滑动区域位错分布的地面投影以及余震分布；（b）映秀－北川断裂和灌县－江油断裂两个主断层上的位错分布。（供图／王卫民）

间歇性非火山脉动以脉冲形式释放能量；而超剪切破裂以大于瑞利波速度错动。

了解断层如何滑动是研究震源物理和地震灾害的一个巨大挑战。挑战包括以下几个基本科学问题：①大震滑动发生在什么区域？②断层以什么方式滑动？为什么？③控制不同类型断层滑动的参数和物理定律是什么？④断裂带的精细结构是什么？⑤潜在大震可能如何滑动？

大震时断层如何滑动或断层的运动学过程是研究震源物理的基本信息。运动学模型对理解断层破裂过程和各种震源参数和物理定律之间的关系起了决定性的作用。运动学模型同时也是用于评估大震毗邻区域强地面运动、科学指导救援行动的主要依据。

现今，地震、大地测量和地质数据的综合利用使地震学具备了描绘大震破裂过程的能力。其中利用的地震数据包括离震中几千千米外的远场和震中附近的近场记录；大地测量数据包括近场GPS观测和InSAR（合成孔径雷达干涉）成像；地

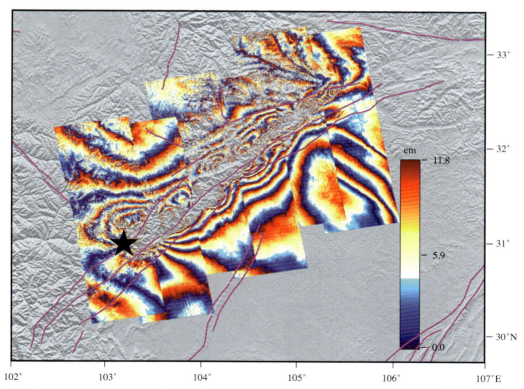

图3　来自日本 ALOS 卫星（PALSAR 传感器）的汶川地震同震形变场升轨干涉图。（供图 / 许才军）

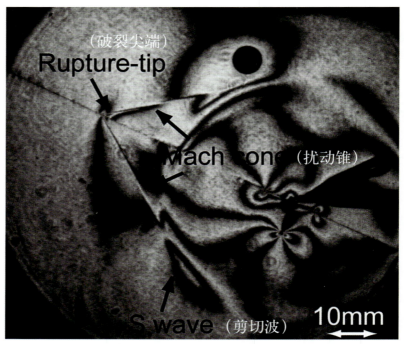

图 4　在岩石破裂实验中观察到的在岩石破裂触发后出现的纯超剪切破裂现象（破裂速度大于剪切波速度）。（Xia et al., 2004）

质数据包括基于野外观察的断层线、地震发生时的断层深部几何形态和地表破裂分布。在大地震来临时，快速确定地震的破裂过程是尤其关键的首要问题。在增强计算能力的前提下，现有的震源反演程序可确保实时得到结果。所以，目前确定破裂过程的速度主要取决于研究人员获取数据的速度。虽然震后野外观察需要时间，但是现代通信技术完全能够保证地震和GPS数据的实时传递。

　　在震源动力学研究中，当今地震学已经能够运用自洽的物理摩擦定律来研究断层错动过程和各种断层参数的关系。最新研究显示以下几个参数在控制大震滑动中尤其重要：断层的几何形态、断层内的凹凸体、断层间的介质特性变化以及应力分布。地震学已经能够定量研究这些参数在控制大震断层滑动的开始、破裂和终止中所起的作用。三个方向的研究前沿在不断提高我们对断层滑动机制的理解：大震的运动学模型揭示了越来越细致的断层破裂过程以及它们与断层介质特性、几何形态和凹凸体之间的关系；岩石摩擦实验揭示了断层在不同介质特性下以及非均匀剪应力和正应力分布下的高精度破裂图像；理论研究已能够构建各种动态破裂模型来检测不同断层参数对破裂过程的影响。最新发现的多种新的断层

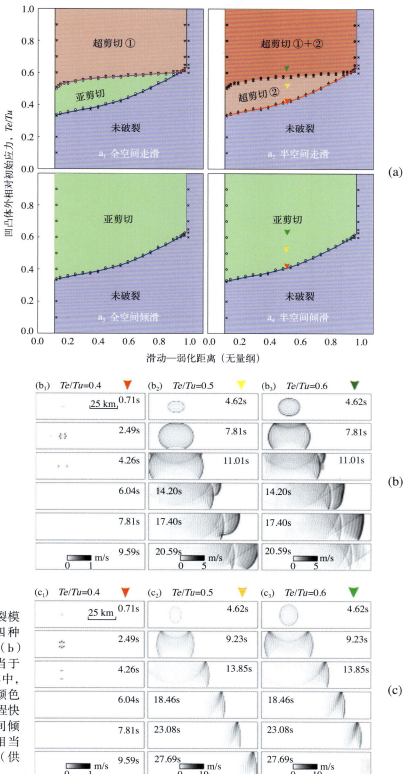

图 5 地震震源动态破裂模拟。（a）断层破裂在四种情况下的"相变图"；（b）破裂过程快照图，相当于 a_2 半空间走滑情况。其中，b_1-b_3 相当于在 a_2 中同颜色点的状态；（c）破裂过程快照图，相当于 a_4 半空间倾滑情况。其中，c_1-c_3 相当于 a_4 中同颜色点的状态。（供图 / 陈晓非）

活动方式，如慢滑移、间歇性非火山脉动和超剪切破裂，为研究断层破裂和物理摩擦定律提供了可能突破性的机会。

在研究断裂带的精细结构方面，当今地震学也取得很大进展。地震学利用断裂带围陷波来决定断裂带宽度及介质特性。最近发展的双差地震层析成像方法在研究断裂带的精细结构中达到前所未有的精度。同时，地震学家还通过综合利用地震学方法、电法和地质资料来推测断裂带的精细结构。

大陆深钻提供了一种直接了解断裂带精细结构及其物理、化学过程的重要方法。现在已有的针对研究地震断层的大陆钻探计划包括：日本的野岛断裂带探测、美国的圣安德烈斯断层深部观测站（简称SAFOD）、中国大陆的汶川断层科学钻探计划和中国台湾的车笼埔断层钻探计划。探钻中提供的原位样品包含了断裂带以及毗邻地区的物理、化学性质的信息，为理解断层破裂和地震的物理、化学机制提供最基本的信息。

在对地震破裂充分理解的基础上，地震学家将具备构建某地震带潜在大震的破裂模型、预测大震的强地面运动和破坏力。对这种潜在地震的研究将为建筑设计和相关社会政策的制定和执行提供科学指导。

为确保此挑战计划取得重要进展，国家必须投资建设一个现代化的地球物理观测系统；整合地震和大地测量数据资料，确保资料高质量并且能为科学界实时获取；建立正式的通信渠道，实时发布最新科学结果给相关机构和公众；支持在地震震源反演、地震层析成像，理论动态破裂模拟和岩石力学试验等方面的基础研究；鼓励综合地质、地震和大地测量手段研究全国范围内潜在地震的合作研究；以及建立专用的计算设施。

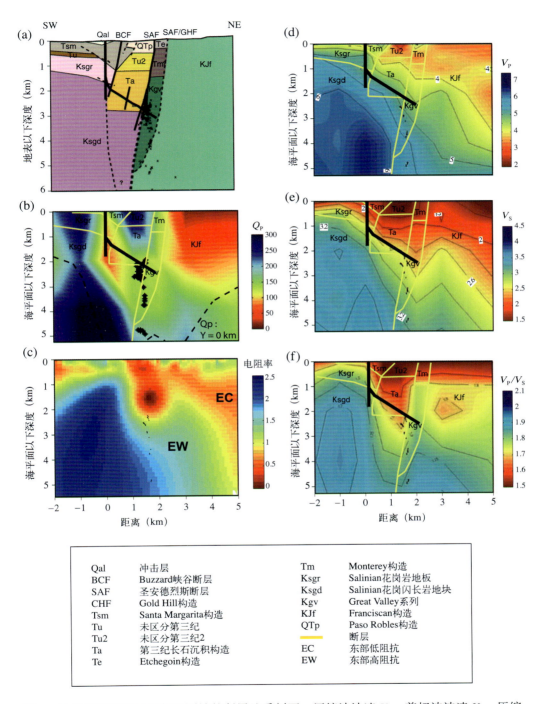

图6 圣安德烈斯断层深部观测站的断层地质剖面、压缩波波速 V_P、剪切波波速 V_S、压缩波剪切波波速比 V_P/V_S、地震衰减因子 Q_P 和电阻率模型。黑粗线表示 SAFOD 的主要导孔，黄线表示断层，黑点表示重新定位的地震。（Zhang et al., 2009）

关键问题

- 如何保证我国地震和大地测量数据资料高质量？
- 如何有效地归档和实时发布国内地震、大地测量和地质数据？
- 地震发生时，如何快速传递科学结果给相关机构和公众？
- 如何改进震源反演方法使其综合利用不同类型的数据资料？
- 如何使震源反演程序自动实时运行？
- 中国区域内的地震断层错动特性是否具有慢滑移、间歇式脉动和超剪切破裂的多样性？在这些地震中，这些多样断层错动特性之间有何相互关系？
- 断层的几何形态、凹凸分布、断层间的相互组织，以及断裂带的介质特性、应力分布和化学过程如何影响断层的滑动特性？
- 什么摩擦本构定律控制着断层错动的多样性？
- 什么物理机制控制各种断层错动特性的相互转换？
- 全国境内断裂带的精细结构是怎样的？
- 如何构建全国境内的潜在地震？
- 针对潜在地震，如何改进国家地震台网和大地测量网？如何提供高性能的计算需求？

主要建议

- 对全国地震和大地测量数据资料采用有效的质量控制程序。
- 建立一个现代化的数据中心保存地震、大地测量和地质数据资料并实时发布数据。
- 建立正式渠道实时向相关机构和公众发布最新科学结果。
- 增加地震危险区内地震台网和大地测量网的覆盖率。
- 支持在地震震源反演、地震层析成像、理论动态破裂模拟和岩石力学实验等方面的基础研究。
- 设立综合地震、大地测量、地质、大陆深钻和岩石力学的多学科交叉研究项目，以研究潜在地震。

地震波监测核试验

图7　1957年9月14日美国内华达 Fizeau 1 核试验。（图自 http://www.cddc.vt.edu/host/atomic/images/fizeau1b.jpg）

　　地震学是全球范围内监测地下核试验的重要方法之一。核爆会引发类似地震波的震动并向四周扩散，被全球的地震台站所记录。地震学家通过地震波记录监测和定位核爆，并且估计它的大小。地震波的波形特性用于区分天然地震和核爆，而地震波的到时和振幅则用于定位和测量核爆当量。现代地震学已可以对核爆进行相当精确的定位。例如，地震学通过中韩日三国内的地震波记录对2009年5月25日朝鲜核爆定位的精度达到了140 m。地下核爆一般只会在近距离地震台上有记录。因此，中国境内的地震台将对于邻国核爆的监测极其重要，如印度、巴基斯坦、俄罗斯和朝鲜。

　　1996年9月，联合国大会通过全面禁止核试验条约。该条约禁止缔约国以任何方式进行军用或民用核试验。至2010年5月，总共有153个国家签署并批准了全面禁止核试验条约；29个国家，其中包括美国和中国，签署但尚未在国内正式批准。全面禁止核试验条约将在所有签署国批准之后正式生效。目前，全面禁止核试验条约国际组织筹委会已经组成，并为执行条约做筹备工作。筹委会工作包括建立并尝试运行国际监测系统台网，建立一个国际数据中心对台站数据进行归总、分析和处理，以及制定现场检查的相关程序。国际监测系统台网现包括全球337个监测站。这些台的数据都传送到维也纳的数据中心，再由数据中心发布给条约签署国。

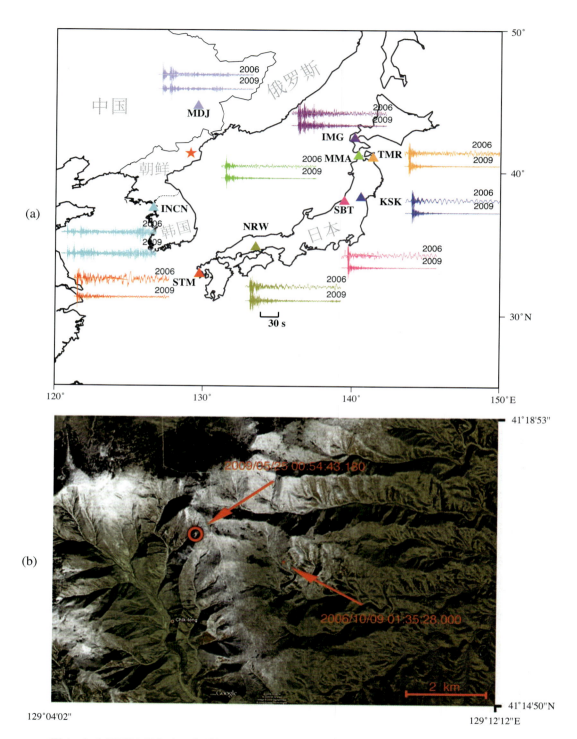

图 8 （a）附近地震台（三角形）记录的 2006 年和 2009 年朝鲜核试验的地震波波形。
台站和其地震波形同颜色标记，五角星为两次核爆的位置；（b）精确定位的 2006 年
和 2009 年朝鲜核试验在 Google 地图上的位置。圆圈的大小和核爆当量成正比，2009
年核爆记录位置的误差为 140 m。（Wen et al., 2010）

巨大挑战二

近地表环境
对地震灾害的影响

地震波从断层辐射，穿越地球内部，到达地表产生地面振动。沿地震波传播路径的地质结构都会影响地震波的振幅和特性。近地表环境，特别是盆地和地形的起伏，对地表强地面振动起着尤其重要的影响。同时，我们对近地表环境对地震波传播的影响的了解程度，也紧密影响到我们所推导的震源破裂模型的准确性。因此，定量研究近地表结构对强地面运动的影响是了解我国地震灾害的一个巨大挑战。

图 9　汶川大地震引发山区大面积滑坡，造成大量植被被毁。（供图 / 中国地震局）

在地质构造过程中，地下地质结构形成了不规则的几何形状和横向介质变化。与聚焦透镜对光线的聚焦的原理一样，地质结构的几何形状会使地震波聚焦或散焦。在我国地震减灾工作中，沉积盆地和地表地形是两个极其重要的地质背景。这是因为盆地地区是我国人口密集的地区，而地形的影响则是地震发生时导致滑坡的主要因素。

盆地对强地面运动有两大影响：它们的边缘会使地震波能量聚焦，从而增强强地面运动；它们内部的非均匀结构会使地震波强烈散射，从而延长了地面振动的持续时间。

盆地内部的沉积层也同时影响地面运动。首先，沉积层是盆地的主体，是盆地几何聚焦体的一部分。另外，沉积物质具有独特的介质属性和特征，例如：低波速、高衰减和非线性。这些介质属性和特征都影响地表强地面运动。

图 10　汶川大地震引发的北川县曲山镇南部王家岩滑坡体掩埋了 4 条街区，数千人遇难。（供图 / 中国地震局）

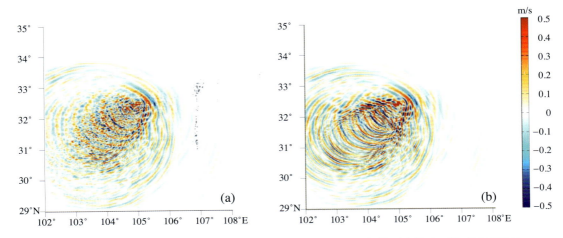

图 11　汶川地震波传播数值模拟在真实地形（a）和水平地形（b）模型中的地面震动速度场快照图对比（$t = 100\,s$）。（供图／陈晓非）

地震学在研究近地表结构对强地面运动的影响中主要有这两方面的工作：①高精度探索地下结构的几何形态和介质属性及其空间变化；②发展模拟复杂和非线性介质中地震波传播的理论与方法。

现代地震学通过多种方法探索近地表结构。首先，地震学综合地质绘图、浅层地震勘探以及地表浅层钻井的资料建立盆地的初始模型。这过程中，地质资料提供了盆地结构的基本框架；浅层地震方法提供了局部的地下结构和介质属性；而浅层地表钻井的样本则为推测的介质属性提供了校准。建立初始模型后，地震学通过地震反演和地震波形拟合逐步完善盆地模型。

在地震波传播方面，当今地震学已能够通过数值模拟定量研究盆地和地形对地表强地面运动的影响。高性能计算机的强地面运动模拟已可达到与建筑结构共振频率相应的精度。在研究强震中地表介质的非线性行为方面，地震学目前采用了经验和理论方法。非线性行为指的是：与小震产生的地面运动相比，强震产生的地面运动与其地震能量不成正比。非线性研究的经验方法利用区域的历史强震与小震记录的关系作为计算以后大震强地面运动的经验校正；而理论研究则通过探索介质在强震和小震中具有不同的应力应变本构关系的可能性。

为了在这个巨大挑战上取得突破，我们必须投资探索我国盆地的近地表结构以及发展复杂和非线性介质中地震波传播模拟的理论与方法。为达到实时预测地面运动，也需要加强地面运动评估和震源反演的密切合作。现代遥感技术已能够提供高分辨率的地表地形数据，但探索全国主要盆地的内部的精细结构则是一个里程碑式的工作。事实上，每一个盆地的成像都是一个令人望而却步的任务，但这也是一个我们不能而且也不应该回避的问题。另一方面，勘探盆地结构对寻找地球内部自然资源也有着重要意义，也是国家利益所在。在这个方面上，应该促进工业界和学术界的合作。在基础研究方面，除鼓励发展模拟复杂和非线性介质中地震波传播的新理论和高效计算程序外，我们还须加强对土壤非线性物理的研究以及促进地面运动和滑坡研究的耦合。

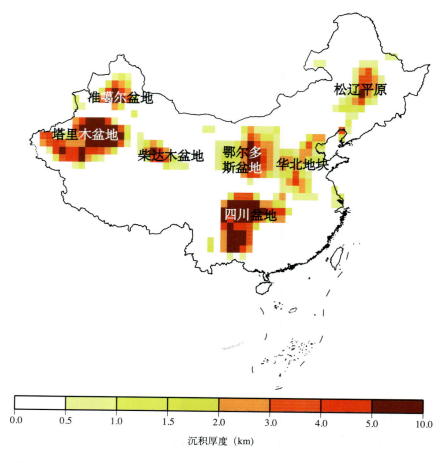

图 12　我国主要盆地的沉积层厚度分布。(资料自 Laske et al., 1997 ; 供图 / 陈或)

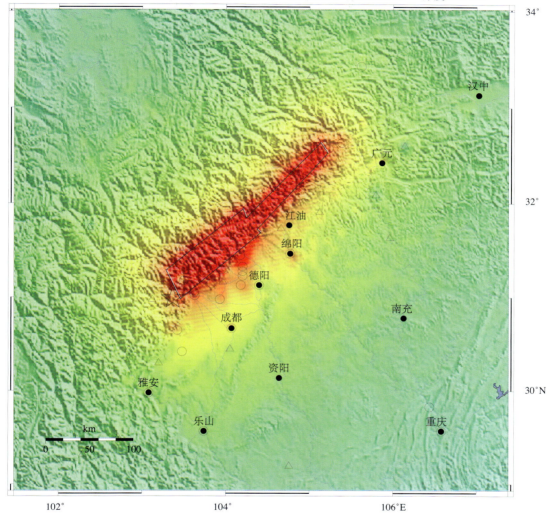

美国地质调查局地震烈度图：中国四川东部

格林尼治时间2008年5月12日06:28:01　*M*7.9　北纬30.99°东经103.36°　深度19.0 km

第十版地图于美国中部时间2008年12月8日13时31分更新

感觉程度	无感觉	微弱	轻微	中等	强	非常强	剧烈的	猛烈的	极端的
破坏程度	无	无	无	几乎无	轻微	中等	中等/严重	严重	非常严重
加速度峰值(%g)	<.17	.17~1.4	1.4~3.9	3.9~9.2	9.2~18	18~34	34~65	65~124	>124
速度峰值(cm/s)	<0.1	0.1~1.1	1.1~3.4	3.4~8.1	8.1~16	16~31	31~60	60~116	>116
地震烈度	I	II-III	IV	V	VI	VII	VIII	IX	X+

图 13　地震动图是美国地质调查局地震灾害中心和其地方地震台网中心合作的产物。地震动图描绘地震发生之后近实时的地面震动分布和可能的烈度破坏情况。国家、州和地方的官方组织和私人团体可以利用地震动图，进行震后调查和重建、公共科学信息传递，以及地震预防和救援演示。（图为美国地质调查局公布的 2008 年 5 月 12 日汶川地震的地震动图，%g 表示地球地表加速度的百分率）

关键问题

- 全国主要盆地的地下几何形状和介质结构是什么?
- 如何更好地综合使用各种不同的方法和资料来研究盆地的地下结构和介质属性?
- 如何更好地促进工业界和学术界的合作以共同探索盆地的地下结构?
- 土壤在强地面运动中表现怎样的非线性行为?什么应力应变本构关系可以解释土壤的非线性行为?如何更好地校正土壤的非线性效应?
- 如何评估和监测地震引发的滑坡?
- 如何优化和发展理论计算程序,保证计算设备达到实时预测强地面运动?

主要建议

- 设立区域中心研究全国主要盆地地下精细结构,同时促进工业界和学术界的合作。
- 建立一个中心,在大地震来临时协调地震震源反演,强地面运动评估和灾害救援。
- 鼓励在模拟复杂和非线性介质中地震波传播和土壤非线性物理方面的基础研究和高效计算程序的开发。
- 鼓励研究强地面运动和滑坡的耦合。

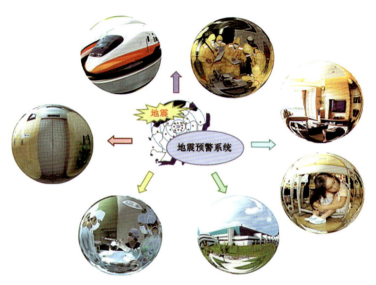

图 14 在地震发生后，地震预警系统为公众、运输系统、公共设备和紧急救护人员提供地震警报。
（图自 http://ncdr.nat.gov.tw/english/Disasters/DisastersDetail.aspx?DCID=2&Id=3）

　　地震会产生各种类型的地震波并在地球内部传播。其中，地震纵波最先到达，但波动幅度相对较小；次波随后到达，在地表产生强烈的震动并造成巨大的破坏。地震预警的思想是，利用近震中的台站检测到的地震纵波，快速确定地震的震级和地面烈度分布，并在次波到达或者地震波到达更远的地方以前，对相关地区发出警报。地震预警系统可以提供数秒到数十秒的预警。在破坏性震动开始之前，人们可能尽快离开危险区域或躲到桌子底下，关闭主要工厂和设备，保存重要文档，以及使火车和汽车慢下来。设计这样的一个系统，需要在实现巨大挑战一和巨大挑战二的前提下。

　　2007年，日本启动了第一个地震预警系统。预警系统在监测到地震发生以后，通过媒体和互联网发出警报。2009年，美国地质调查局资助了一个三年的项目，用于开发一个向少量用户提供预警的原型系统。该系统在完成后将被命名为加利福尼亚综合地震台网地震警报系统的测试系统。它将会为部分测试用户组，包括紧急救护人员、公共设备和运输系统局，提供地震预警。土耳其、墨西哥、罗马尼亚、我国台湾也建有有限的预警系统。

巨大挑战三

中国区域构造块体的
相互作用与地震的关系

板块构造学是一个描述地表运动的理论。该理论假设，地球表面是由多个刚性构造板块组成，每个运动板块可以描述为一个旋转单元。板块构造理论为解释地震分布和地震类型提供了一个重要的框架。根据该理论，地震通常发生在板块边界，而地震的类型则取决于构造板块之间的相对运动。如1906年美国旧金山地震、2006年苏门答腊地震、2010年海地和智利地震，以及2011年日本地震就是板块构造学框架中的典型例子。它们均发生在主要板块边界上，且它们的类型和相关板块之间的相对运动相符。我国周边的许多地震带亦是如此，最明显的例子是位于印度和欧亚板块边界的喜马拉雅弧地震带，和位于欧亚板块和太平洋板块边界上的台湾地震带。

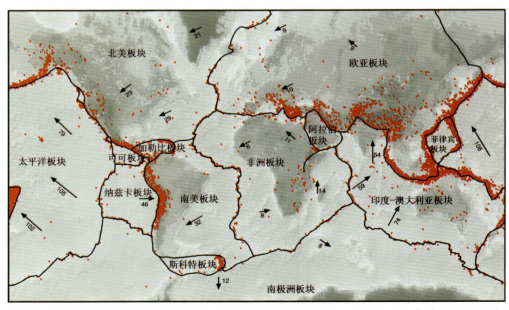

图 15　全球地震分布（红点）、构造板块、板块移动方向及速度（mm/a）图。（图修改自 IRIS 网站）

尽管板块构造理论很好地解释了全球及中国周边的地震分布与成因，但却与在中国大陆内发生的大震相悖。中国大陆位于欧亚板块内部，其内部发生的地震并不位于任何主要板块边界上。但是，就中国区域范围而言，中国大陆由多个古老的中小型块体组合而成。中国大陆内的主要地震发生在青藏高原内部不同构造块体的边界上，青藏高原与周边构造块体的边界上，和我国境内其他块体之间。也就是说，如果我们把中国区域地质构造视为欧亚板块内的一个局域性的块体构造系统，那么板块构造理论就可以直接应用到中国区域内来解释我国境内的地震分布与成因。因此，如何建立中国区域内的块体构造理论，定义和划分中国区域构造块体，以及理解这些区域构造块体的相互作用是了解我国境内大地震的关键，也是研究我国地震灾害的巨大挑战之一。

建立中国区域块体构造理论需要以下两个方面的努力：①建立构造块体的现今运动学模型以及其演化历史；②将不同块体驱动力定量化。要建立中国构造块体的运动学模型，我们需要识别不同块体，描绘块体边界及定量化研究块体间的相对运动。以下有多种方法可以用来识别中国区域构造块体和描绘块体边界：地表地质调查可以识别大地缝合线；大地测量数据、断层历史滑移测量和地震震源机制解可以用于识别中国主要区域构造块体以及定量研究主要块体之间的相对位移；高分辨率地震层析成像和高精度的小震定位也可以用于描绘块体的地表和不同深度的边界。

当前，中国区域块体构造驱动力主要来自太平洋板块的俯冲、印度板块的碰撞、岩石圈内密度异常产生的重力势能变化和深部地幔对流产生的块体基底的拖拽力。在近代地质历史中，中国构造块体也受到了以下重大地质事件的影响：太平洋板块的俯冲，华北克拉通根部的破坏，印度和欧亚板块的碰撞，西太平洋和印度尼西亚的海沟俯冲回旋运动，以及西太平洋海沟快速迁移的终止。驱动力的定量化需要通过应用各种约束条件，即地表地质调查、重力和地表地形资料、块体内部应力和应变的分布和量级、大地测量观测资料、地震震源解以及地球内部的精细结构，建立地球动力学模型。

为了在这个挑战中取得突破，我们需要在主要构造块体边界增加地震台网和大地观测台网的覆盖率，以更好地检测和定位边界上的小震，更好地对不同深度的地球内部结构进行成像，更好地描绘构造块体边界和定量研究块体间的相对运

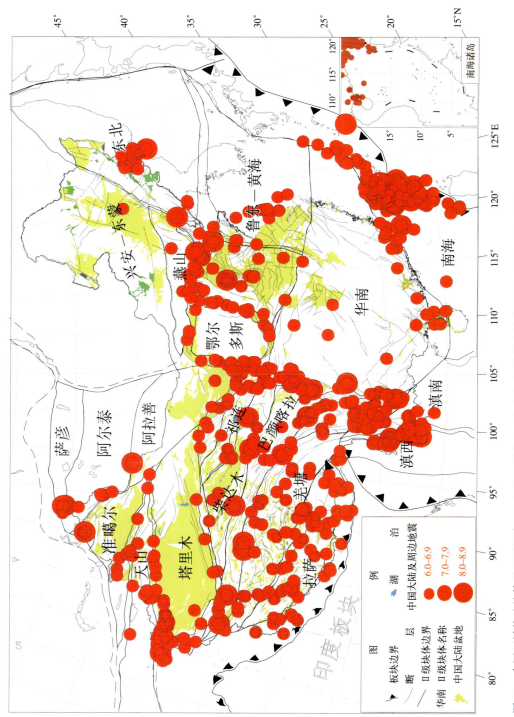

图 16　中国区域构造块体以及震级大于 6 级的地震分布（红点）。黑线代表块体边界。（图修改自邓起东，2007）

动；同时也需要建立交叉学科研究项目，综合地表地质调查、大地测量数据、断层历史滑移数据、地震震源机制解和地震学关于地球内部的研究结果，发展中国区域块体构造的运动学和动力学模型。

关键问题

- 如何识别和定义中国内部的构造块体？
- 如何将主要构造块体之间的相对运动定量化？
- 如何对主要构造块体在不同深度的边界进行成像？
- 如何检测和精确定位小震？
- 如何利用小震定位识别块体地表和不同深度的边界？
- 如何利用地表地质调查、重力和地表地形资料、块体内部应力和应变的分布和量级、大地测量观测资料、地震震源解以及地球内部的精细结构，综合研究中国主要构造块体的驱动力及其相互作用？

主要建议

- 在主要构造块体边界增加地震台网的覆盖率，以更好检测和定位边界上的小震，并更好地对不同深度的地球内部结构进行成像。
- 在主要构造块体边界增加大地观测台网的覆盖率，以更好地描绘构造块体边界和定量研究块体间的相对运动。
- 建立交叉学科研究项目，综合地表地质调查、大地测量数据、断层历史滑移数据、地震震源机制解和地震学关于地球内部的研究结果，发展中国主要构造块体的运动学模型。
- 建立交叉学科研究项目，利用地表地质调查、重力和地表地形资料、块体内部应力和应变的分布和量级、大地测量观测资料、地震震源解以及地球内部的精细结构，定量研究主要构造块体的驱动力及其相互作用，建立中国区域块体的动力学模型。

中国地表应变和应力的
分布与地震的关系

应变描述地表上不同点之间的相对位置的变化，它反映了地球表面是否处于挤压、拉张或剪切的状态。应变对显示地球表面弹性能的积累以及未来地震可能释放的能量具有重要的意义。应变的地震释放和区域性集中对地震的发生

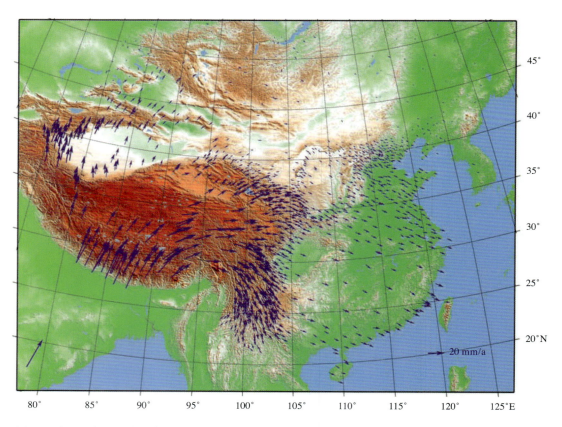

图 17　中国及邻区现今地壳运动 GPS 速度场（相对于稳定欧亚大陆）。（数据自 Wang et al., 2003 和 Calais et al., 2006；供图／张培震）

和地震的重复性也有重要联系。应力是作用于地球表面上每个点的压力，其预示了可能发生的地震的类型、触发地震的构造作用力以及地震可能释放的能量。应变率和应力同时还是研究不同构造块体的驱动力、岩石圈黏性结构和深部地幔对流的重要约束条件。如何定量研究中国区域应变和应力的分布，是了解我国地震灾害的巨大挑战之一。

应变可以利用钻孔应变计来直接测量，同时多种类型的观测资料也可用来推算应变率。除了传统的GPS观测外，第四纪断层位移速率和从浅源地震震源机制解计算的地震形变率场也可用于推算应变率。定量研究地表应变率的主要难度在于：GPS观测台网地理分布不均匀；应变率可能集中在非常局部的区域；以及不同类型的数据具有不同的时间和空间分辨率。但是，结合不同类型数据推算全球和区域应变率场已经被证明是切实可行的。当前研究已利用GPS测量、第四纪断

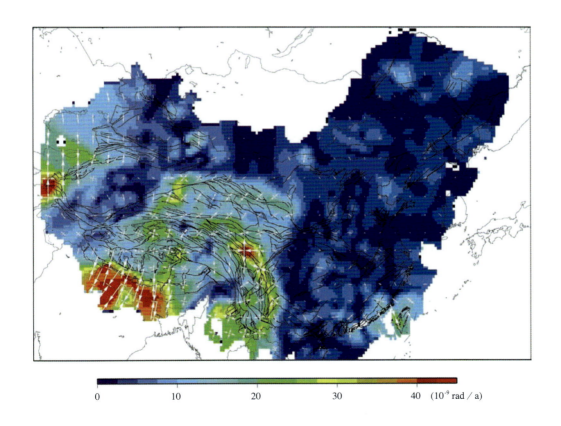

| 0 | 10 | 20 | 30 | 40 | $(10^{-9}\ rad\ /\ a)$ |

图 18 中国大陆最大剪应力分布图。最大剪应力是根据观测到的 GPS 速率计算获得的。（供图／沈正康）

层滑移以及地震震源机制解等约束条件，绘制了全球应变率分布图。该图不仅定量估算了全球应变率场，还定义了全球发散板块边界区域。我国青藏高原地区就是全球最明显的板块发散边界区域之一。

地球物理通过以下四种地球物理和地质资料来进行测量或推算应力：应力导致的测井扩张或破裂；实地应力测量中的水压破裂和应力解除；地震震源机制解；以及地质年代较为年轻的形变特征，包括断层走滑和火山分布。目前国际上已开发出一个应力测量质量的衡量标准，用于评估各种方法获得的应力场的质量。国际衡量标准使得我们可以比较用不同方法得到的数据以及判断在台站覆盖率的不足的地区的数据的重要性。第一幅全球应力分布图发布于1975年，它包含了59个应力卸载测量。自此以后，全球应力分布图经过了多次的改良和更新，现已汇集了21750个应力数据。这其中包括了学术界、工业界和世界各政府的共同努力。该项目现由德国地学研究中心的波茨坦亥姆霍兹中心负责运营和发展。

中国区域的应力和应变分布可以用于研究我国的地震活动。应力强度提供了地震可能释放的能量的信息，而应力的特性则显示地震的可能类型。张应力表明了该地区处于拉张力的作用下，该地区的地震将会发生在正断层上；压应力表明了该地区处于挤压力的作用下，该地区的地震将会发生在逆断层上；而中性应力则表明，该地区的地震将会是走滑地震。青藏高原地区的应力和应变分布则是最好的例证：该地区的应力分布随地势的变化而变化，从高地势地区的张应力转变为低地势地区的压应力。因此，在高原高地势地区的断层是正断层，低地势地区是逆断层，而中间区域则是走滑断层。

中国应力和应变的分布和强度，还为中国区域构造块体的驱动力以及岩石圈黏性结构和深部地幔对流提供了重要的约束条件。应力和应变受到以下三个因素的影响：由于地形和岩石圈厚度不同造成的重力势能的变化，板块间的相互作用力，以及深部地幔对流在岩石圈底部形成的拖拽力。青藏高原地区就是这三个因素综合作用的典型例子。该地区的应力和应变率分布反映了以下三个驱动力的相互贡献：高原地区高地势和厚地壳的重力势能导致的拉张力，印度板块和欧亚板块碰撞导致的挤压力，以及地幔对流可能造成的底部拖拽力。高地势地区的正断层的产生就是由于重力势能导致的拉张力超过了碰撞导致的压力和地幔拖拽力的结果。而低地势地区的逆断层的产生则是碰撞导致的压力超过了重力势能导致的拉张力和地幔拖拽力的结果。

流变黏性是地球岩石的一个基本特征，是联系应力和应变的纽带。地球内部的流变黏性不仅存在深度和横向的变化，还可能显示各向异性。现代地球动力学已经可以把流变黏性随深度和横向的变化，以及各向异性的复杂性加入到地球动力学的模拟中。

为了在这个挑战中取得突破，我们需要在以下几个方面做出努力：在我国，特别是在局部形变非常大的主要断裂带和应变范围很广的发散形变区，建设更多的GPS观测台站；建设全国应变计台网；增加我国区域内的应力测量的覆盖率；发展关于研究应变率定量分布的新方法，整合不同类型的资料和处理不均匀分布的大地测量数据；加强对我国区域发散形变地区的研究；探索断层带的应变率和地震的发生及其重复周期的关系；以及增强基础研究项目，定量研究构造驱动力和地球介质黏性结构，探索它们对地震灾害的指示意义。

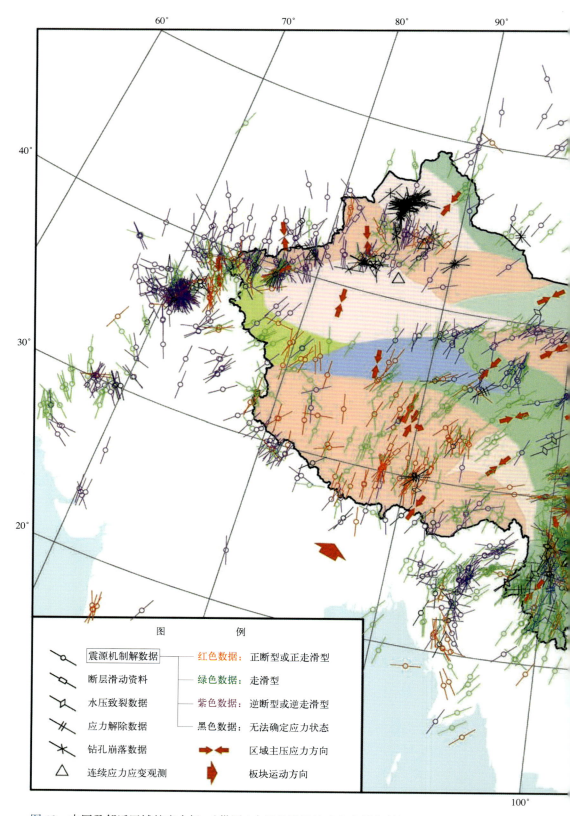

图 19　中国及邻近区域的应力场。(供图 / 中国地震局地壳应力研究所)

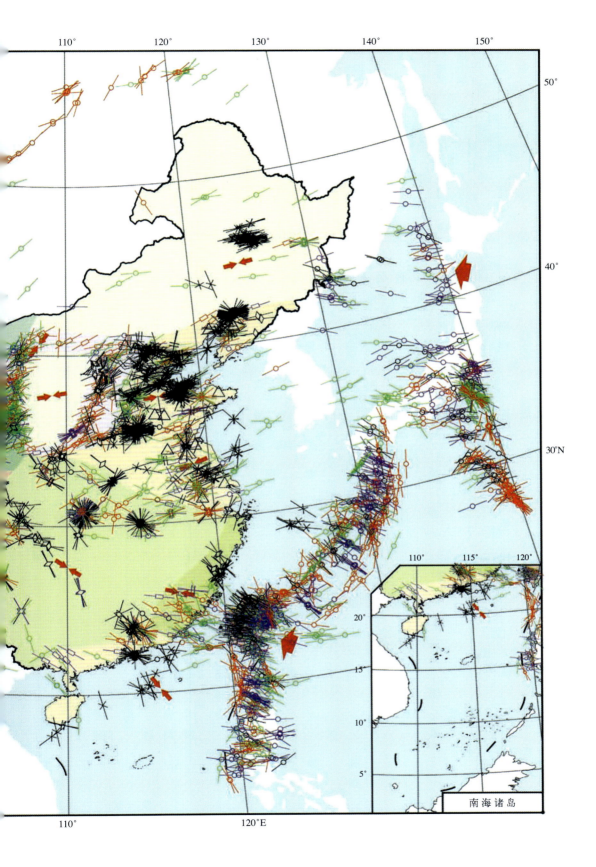

50°

40°

30°N

110°　　　115°　　　120°

20°

15°

10°

5°

南 海 诸 岛

关键问题

- 中国区域内应变率如何分布？如何综合利用不同类型的数据，制订应变率分布图？如何改进GPS台网，更好地定量研究中国区域应变率分布？
- 多少地表应变率局限在断层带？多少应变率被地震释放？断层带的应变率和地震的发生及其重复周期的关系是什么？
- 如何正确地描绘中国境内的发散形变区？
- 我国应力如何分布？如何改进我国的应力分布图？
- 如何最有效地建设全国应变计台网？
- 如何理解应变和应力的观测对地震灾害的指示意义？
- 什么样的构造驱动力和地表上观察的应力和应变相符？
- 我国岩石圈和地幔的流变黏性结构是怎样的？

主要建议

- 增加中国区域内主要断裂带和主要发散形变区域的测地GPS台网覆盖率。
- 建设全国钻孔应变计台网和数据中心。
- 增加我国应力测量的覆盖率。
- 发展新方法，通过利用GPS测量、第四纪断层滑移速率和地震震源机制解，进一步完善中国应变率分布图。
- 加强对我国区域发散形变地区的研究。
- 增强基础研究项目，探索断层带的应变率和地震的发生及其重复周期的关系；定量研究构造驱动力和地球介质黏性结构，探索它们对地震灾害的指示意义。

青藏高原的内部结构、形变和隆升对地震灾害的影响

青藏高原的形成源于5000万年前印度板块与欧亚板块的碰撞。高原的演化过程同时还受到了随后其他构造事件的影响。在碰撞初期，西藏的西部和中部的地壳开始缩短，而岩石圈的大量物质从碰撞区域向西太平洋和印度尼西亚的海沟俯冲回转区迁移。太平洋海沟的快速迁移大约在15～20 Ma（百万年）前终止，很可能减慢了岩石圈物质的迁移，导致了西藏东部的地表抬升和地壳增厚。也有假设认为，西藏东部地壳中存在一个快速向东流动的"通道流"，通道流导致了西藏东部的地表抬升和地壳增厚。

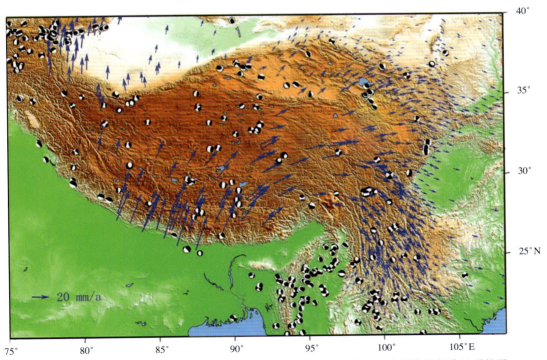

图20　青藏高原 GPS 速度场（相对于稳定欧亚大陆；资料自沈正康）和高原内的部分地震的震源机制解（黑白沙滩球）。（供图／张培震）

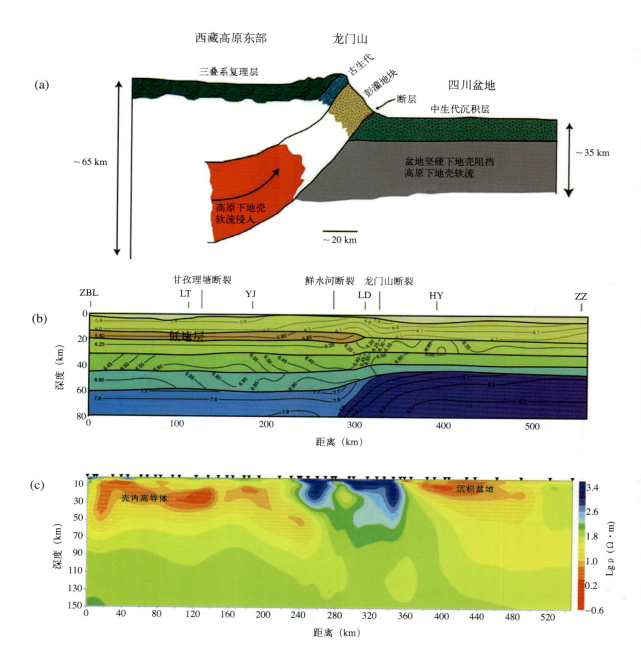

图 21 （a）地壳"通道流"和汶川地震可能的地质背景（图自 http://quake.mit.edu/~changli/wenchuan.html）；（b 和 c）川西藏东地区沿北纬30°线的地壳上地幔顶部二维速度结构（b）和电阻率结构（c）。测线东西走向，从资中（四川盆地内）经泸定、理塘，至巴塘（金沙江附近）。截面图同时显示川西高原地区存在壳内的低速高导层；b 图深地震测深的 6 个炮点（用 2 或 3 个大写英文字母标示）位置在截面图的上方，图内的数字表示速度值，剖面西段 14 ～ 20 km 的深度区间上为低速层，速度值为 5.80 km/s；c 截面图上方的三角标表示观测点位置，图右侧的色标为电阻率的对数值。测线西段 14 ～ 30 km 深度区间显示低电阻率，解释为壳内的高导体。测线东段 0 ～ 15 km 深度区间显示的低阻，解释为盆地内巨厚沉积层的效应。（供图／王椿镛）

印度板块和欧亚板块的碰撞形成了喜马拉雅弧俯冲带，激活了青藏高原和邻近地区的主要断裂，使得高原与邻区成为地震灾害频繁的地区。该地区的大部分的活动断层都足够长，具有发生大震的可能。因此，如何理解青藏高原的内部结构、形变和隆升机制，是理解我国地震灾害的巨大挑战之一。高原的形变和隆升与该地区地震活动紧密相联，而高原的内部结构则是控制地表的形变和隆升的主要因素之一。

在高原南部，印度板块向欧亚板块的俯冲形成的喜马拉雅弧，导致了很多大地震的发生。这些地震和发生在大洋向陆壳俯冲带的地震是非常相似的，如2006年苏门答腊地震、2010年海地和智利地震，以及2011年日本地震。最近，在喜马拉雅弧发生了若干个大地震，在印度、巴基斯坦、尼泊尔、孟加拉国和不丹等国家造成巨大的破坏和惨重的人员伤亡。

在我国，高原的缩短和隆升都会影响该地区的地震活动。大部分的缩短和隆升运动都伴随着突然的大倾角的逆冲断层错动，2008年汶川地震就是典型例子。与此同时，碰撞、区域地势、岩石圈厚度变化和地幔结构控制了该地区的形变和断层类型。碰撞导致了断层的逆冲运动，而高地势和厚地壳导致的重力势能更可能产生正断层。这个理论也得到了事实的证明，在高原高地势地区，断层均为正断层，而在低地势的逆冲断层则反映了各种不同类型力的综合作用。

为了在这个巨大挑战上取得进展，我们需要更好地定量研究高原的形变场和隆升速率；更好地对地壳和岩石圈的地震结构成像；更好地理解作用在高原及其地质演化过程的各种驱动力。这些工作都基于在该地区建立密集的大地测量和地震台网，以及建立综合分析地震学、大地测量和地质学的研究结果的地球动力学模型。

关键问题

- 青藏高原的缩短和隆升速率在空间上如何分布？
- 青藏高原的形变和隆升有哪几个主要驱动力？
- 青藏高原地质演化过程是怎样的？这几个驱动力的相互作用是怎样的？
- 如何把青藏高原的缩短、隆升运动和地震活动联系起来？
- 为什么青藏高原的一些大震的破裂是超剪切破裂？
- 青藏高原地幔的精细介质结构是怎样的？它对理解印度－欧亚板块碰撞过程和高原的历史有什么指示意义？
- 青藏高原地壳里的精细介质结构是怎样的？它对地壳"通道流"假说有什么指示意义？
- 青藏高原地区的流变结构是怎样的？

主要建议

- 在青藏高原和邻近地区增加地震和大地测量台网覆盖率。
- 制订青藏高原地区高分辨率的应力、应变和隆升速率区域分布图。
- 探索青藏高原地区地壳和岩石圈内部精细介质结构。
- 建立青藏高原地区地球动力学模型，综合分析地震学、大地测量和地质学的研究结果。

地球近地表随时间的变化
与地震的关系

地球是一个每时每刻都在变化的星球。板块构造学讲述了地球在地质时间尺度上的演变，并使我们认识和理解地球的动力系统以及全球地震的分布规律。现代地震学和大地测量观测揭示，地球内部结构也在几秒钟至数十年的时间尺度上发生变化。最近发现的随时间变化的现象发生在地球内部不同深处。在地球深部，地震学发现内核在约十年内局部半径增大。 在近地表，已经观测到的变

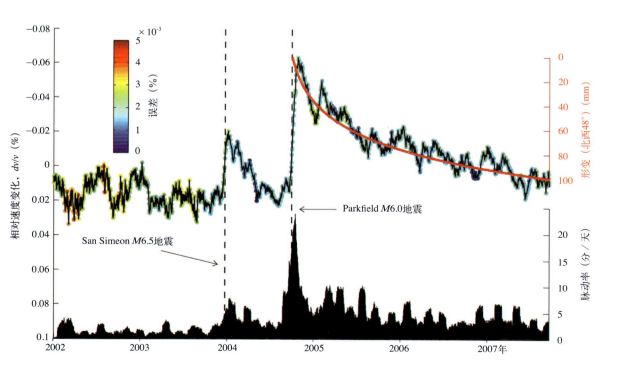

图 22　美国加州 Parkfield 地区的地震波波速度（上曲线）、GPS 测量的地表形变（红线）和地震活动（下曲线）随时间的变化。红色曲线表示 GPS 台站测量的沿圣安德烈斯断层分布的震后形变。（图修改自 Brenguier et al., 2008；经 AAAS 允许修改重印）

化包括同震以及震后在断层区域的地震波的波速变化，震后黏性弛豫效应造成的GPS速度的变化，以及由于水热循环、火山岩浆流动、石油开采、二氧化碳注入地壳储存以及应力变化引起的地震波介质特性的变化。另外，地表对地震应力的弹性响应也会引起断层邻区的同震应力变化（即库仑应力）。近地表随时间的变化对于我们理解地震的孕育过程、断层活动、震后还原、断层愈合过程、地震重复性以及地表流变结构都尤为重要。因此，研究地球近地表如何随时间变化是了解我国地震灾害的巨大挑战之一。

监测地球介质随时间的变化是现代地震学的主要方向之一。因为地震波波速变化所引起的地震信号变化极其微弱，在这方面发展的地震学理论和方法需要具有相当高的精度。当今地震学利用重复爆炸源和重复天然地震来监测断裂带介质特征随时间的变化。研究发现许多断裂带内的地震波波速均随时间变化。这些介质特征的变化可能反映断层内物质的迁移以及地震后断层愈合过程中断层内的化学反应。

地震学最近的一个令人振奋的发现是环境噪声可用来提取有用信息。研究表明两个地震台的环境噪声的互相关叠加结果相当于这两个台站之间地震波传播的响应。这一发现使我们可以提取以前从未能利用的噪声频率带的地震波响应信息。同时，因为任何两个地震台之间可看成一条地震波传播路径，环境噪声的利用很大程度上增强了地震波对地球内部的覆盖率。环境噪声信息提取的另外一个

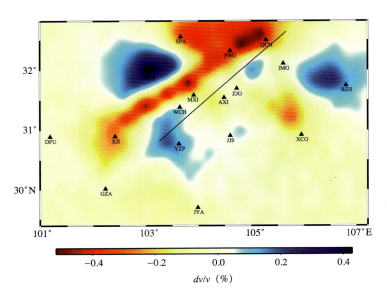

图23　利用环境噪声互相关，从瑞利波到时差测量的2008年5月12日汶川地震中同震地震波波速变化。（图修改自 Cheng et al., 2010；供图／纽凤林）

重要应用在于监测地球内部地震波波速的变化。由于环境噪声连续不断且无处不在，它可以用来不间断地提取地震波响应。因此，比较不同时间的环境噪声信息成为研究地震波波速随时间变化的理想方法。环境噪声分析已被成功用于监测火山地区、断裂带邻近区域以及水热地区的地震波波速的变化。这些变化可能与多种构造活动相联，如断层脉动、断层滑移、地下水循环、大震后断层愈合和火山活动。

现代仪器可以检测到随时间变化的大地测量信号，其中包括地震同震和震后若干年内的变化。同震变化指的是，由于地表对地震应力的弹性响应，地震会瞬时改变断层周围大区域的应力和应变分布。应力的同震变化对邻近地区地震灾害

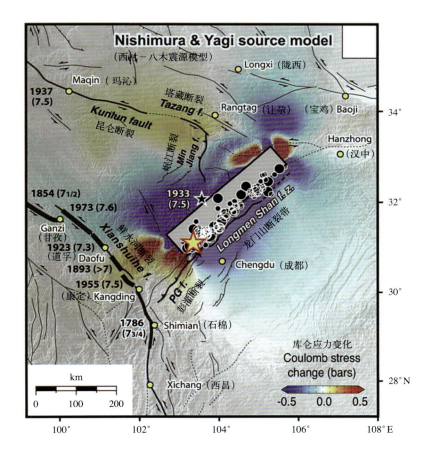

图 24 用 N. Nishimura 和 Y. Yagi（2008）（http://www.geol.tsukuba.ac.jp/~nisimura/20090512/）地震震源模型计算的（断层摩擦系数为 0.4）在深度为 10 km 处的库仑应力分布图。黄色星号和黑点分别表示汶川主震和 2008 年 5 月 12～20 日期间的余震。黑色最粗线是鲜水河断裂的发生过的历史地震的地表破裂；黑色粗线是野外调查的断层线；黑色细线是过去一万年内曾经活动过的断层；虚线是过去 100 万年内曾经活动过的断层。（图修改自 Toda et al., 2008）

有重要的指示意义。取决于地震的具体破裂过程和区域相对于地震的位置，同震应力变化可以促进或抑制未来地震的发生。地震后大地测量信号的变化是地表对地震同震效应的黏性还原过程。地震学利用此弛豫过程来理解地球流变介质特性和地震重复性。

为了在这个巨大挑战上取得进展，我们需要一批专门备用的地震和大地测量的设备用于地震后快速部署；需要在断裂带增加地震台的覆盖度，并保证区域和全国台网的地震数据高质量，使之用于环境噪声的研究；需要加强监测地球介质随时间的变化的理论和方法的开拓、库仑应力的模拟工作以及对地震后的弛豫过程等基础理论研究的支持。

关键问题

- 在地震前后以及其发生过程中，断层区域的介质特性随时间发生了怎么样的变化？这些特性的变化对断层内部活动过程、地震孕育过程、震后断层愈合过程，以及地震重复性有何指示意义？
- 如何发展监测地球介质随时间变化的新理论和新方法？
- 某个特定地震如何改变邻近区域的应力分布？应力变化对该地区的地震灾害预测有什么指示意义？
- 什么样的物理过程和流变特性控制了震后弛豫？

主要建议

- 准备一批专门备用的地震和大地测量设备用于大震后快速部署。
- 增加在断裂带地震台的覆盖度，并保证区域和全国台网的地震数据高质量，使之用于环境噪声的研究。
- 加强监测地球介质随时间变化的理论和方法的开拓、库仑应力的模拟工作以及对地震后的弛豫过程等基础理论研究的支持。

地球内部结构和动力过程
与地震的关系

为了研究地震驱动力这个根本性问题，我们需要了解作用于中国区域构造块体上各种力的定量分布。这些力包括太平洋板块的边界作用力，印度板块和欧亚板块碰撞的边界作用力，岩石圈内重力势能变化引起的体力，和深部地幔对流造成的底部拖曳力。这些各种板块边界力和底部拖曳力都是地球内部动力过程的表现。因此，定量研究地球内部结构和动力过程是了解地震驱动力和我国地震减灾面临的巨大挑战之一。在此研究中，对地球内部温度和成分进行约束是关键所在，因为它们是研究地球内部动力过程中建立地球内部密度和流变模型的重要依据。

地球内部三维地震波波速和衰减因子的变化是了解其温度和成分的基础。同时，地球内部地震波波速的变化也可能为该区域内的历史地质事件提供线索和证据。比如说，青藏高原的岩石圈结构可以揭示印度板块和欧亚块体的碰撞机制；华北克拉通的地下结构可以揭示它的拆沉以及重新激活的过程；核幔边界的地震波速度结构可以为太平洋板块俯冲历史和核幔边界热能传递提供线索。

地球内部的地震波速度结构成像研究已经取得了很大进展。现代层析成像技术提供了全球尺度从地表到核幔边界的三维地震波速度和衰减因子的模型。同时，一些研究利用密集分布的台站资料，反演了我国局部地区深部的地震波速度的精细结构。

除地震波波速和衰减因子外，因为上地幔地震波波速间断面随温度和成分而变化，这些间断面的特性进一步提供了地幔温度和成分的重要信息。区域性研究利用三套地震波震相和间断面上的转化震相发现了许多有趣的上地幔间断面的特性。这些特性包括：一个可能是岩石圈和软流圈分界面的尖锐的间断面，局部加

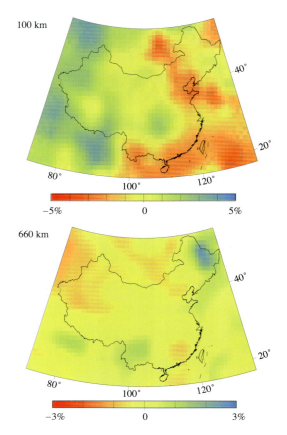

图 25　剪切波速度在中国区域地球内部 100 km 和 660 km 深度的变化。（资料自 Stephen Grand, University of Texas at Austin；供图／陈或）

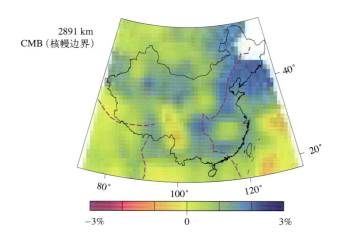

图 26　剪切波速度在中国区域地球内部核幔边界（深度 2891 km）的变化。粉色线表示过去 30 ～ 60 Ma 的海洋板块的俯冲位置的投影。（板块俯冲位置自 Wen et al., 1995；波速资料及供图／何玉梅）

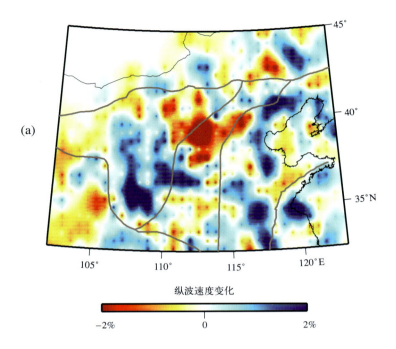

纵波速度变化

−2%　　　　0　　　　2%

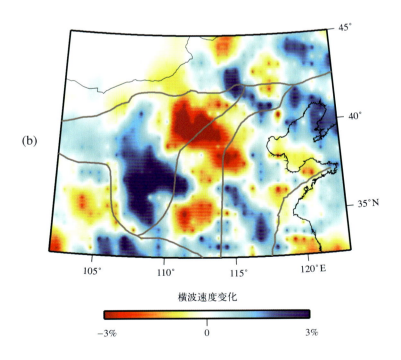

横波速度变化

−3%　　　　0　　　　3%

图 27　华北克拉通纵波波速（a）和剪切波（横波）波速（b）在上地幔 200 km 深处的变化。（供图／赵亮）

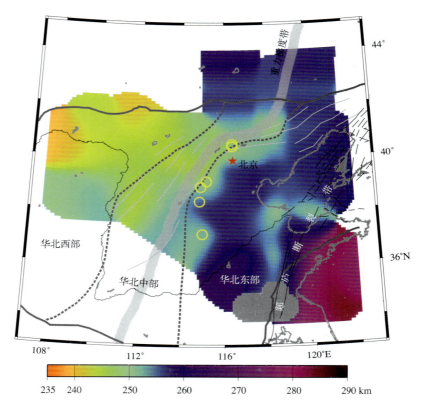

图 28　华北克拉通地幔过渡带厚度分布。灰色代表 660 km 深度附近观察到双间断面的区域，黄色圆圈代表地幔过渡带厚度发生强烈横向变化的位置。（供图／陈凌）

深的660 km间断面，和太平洋板块俯冲邻近地带的660 km双间断面。

　　矿物物理学是联系地震波速度结构与温度和成分的纽带。上地幔是一个相对复杂的区域，在上地幔压强和温度条件下，有多种矿物同时并存且彼此相互影响。现代矿物物理学已经积累了多种地幔中存在的矿物的弹性性质和矿相平衡的实验数据。另外，现代的计算方法也已经能够预测矿物在高温高压下可能发生的相变和弹性特性，计算特定成分在相应地球内部温度和压强下的地震波波速。实验数据和计算预测的结合形成了当今新型的矿物物理学。通过结合地震学和矿物物理学，很多研究已尝试从地震波速度变化中分离出温度和化学成分对其的影响，从而确定地球内部温度和成分。

　　为了在这个巨大挑战取得进展，我们需要在全国范围内提高地震台站的覆盖率；发展创新型波形模拟、波速反演和成像技术的研究；开展新型的实验和计算矿物物理学的研究；鼓励开展研究地球内部结构、地球内部温度和成分，和地球深部动力过程的交叉合作项目。

关键问题

- 中国深部的地震波速度和衰减因子的精细结构是怎样的？
- 中国深部结构对于理解印度板块和欧亚板块的碰撞过程和演化历史、太平洋板块俯冲，以及华北克拉通的演化历史有什么指示意义？
- 中国底部上地幔主要间断面的特点及其横向变化是什么？这些特性和太平洋板块俯冲有何联系？
- 中国区域内地球深部的温度和成分是怎样的？
- 中国深部核幔边界的地震波速度精细结构是什么的？这些精细结构对于太平洋板块俯冲的历史和核幔边界热能传递有什么指示意义？
- 作用在中国区域块体上的板块边界力和底部拖拽力是怎样的？

主要建议

- 增加全国范围内台站覆盖率。
- 发展创新型波形模拟、波速反演和成像技术的研究。
- 开展新型的实验和计算矿物物理学的研究。
- 鼓励开展研究地球内部结构、地球内部温度和成分，和地球深部动力过程的交叉合作项目。

重大工程一

建设一个现代化的
地球物理观测系统

地震学是一门观测型学科。现代地震学使用的数据涉及传统地震仪记录的地震波数据、应变计记录的形变数据、GPS和InSAR大地测量数据，以及地质调查的结果。在地震学的发展历史中，所有的重要发现和重大进展都基于地震学和大地测量学仪器的创新和观测台网的改进。同样，我国地震减灾中地震学面临的每个巨大挑战的成功都依赖于一个先进、有效和现代化的地球物理观测系

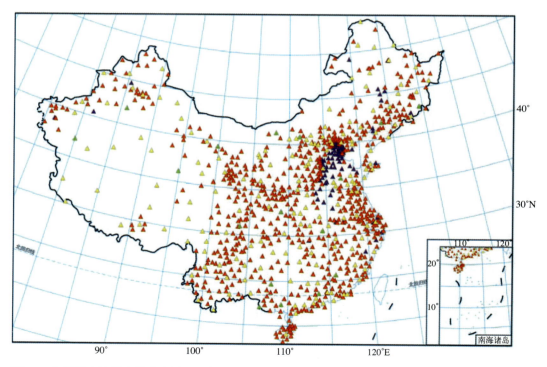

图29　全国固定地震台站分布图。红色、黄色、绿色和蓝色实心三角分别代表布设宽带、甚宽带、超宽带和短周期地震计的地震台站（台湾省资料暂缺）。（郑秀芬等，2009；供图／郑秀芬）

统。我国地震减灾中地震学的重大工程之一就是建立一个现代化的地球物理观测系统。

中国地震局与美国地质调查局（USGS）合作，率先于1986年建立了第一个国家数字地震台网—中国数字地震台网（CSDN）。中国数字地震台网包括9个地震台，其台站均达到美国地震学联合研究会（IRIS）所属的全球地震台网（GSN）的标准。1996年，中国地震局开始建立中国数字地震观测系统，其设计宗旨为在全国范围内均匀布台，但在局部关键区域密集加布。中国数字地震观察系统现包括一个国家数字地震台网、31个地方地震台网以及一个流动地震台网。国家地震台网包括145个宽频台、2个海底地震台、2个小孔径台阵、一个国家地震台网中心和一个数据备份中心。全国的地方数字地震台网现有792个地震台。其台站平均间隔在全国大部分地方为30~60 km，而在新疆和青藏高原带为100~200 km。另外中国地震局还组建了6个用于监测火山的数字地震台网，观测区域包括吉林长白山火山群和龙岗火山群、云南腾冲火山群、黑龙江五大连池火山群和镜泊湖火山群，以及海南琼北火山群。中国地震局运行的流动地震台网包括800台地震仪。

在中国地震局之外，国内高校和中国科学院拥有400多台地震仪。这些地震仪用于研究某些热点地区的流动实验，大部分实验属于一些专项基金的科学研究项目的组成部分，这些实验的台站布置相对密集。

中国地震局建立了国家地震台网中心，用于收集、归档和发布地震数据，快速发布地震信息和目录，并对国家地震台网进行技术监督和管理。国家地震台网中心实时从国家数字地震台网中的145个台站、2个小孔径台阵中的台站和6个监测火山的地震台网中的台站获得数据，延时从792个地方地震台网的台站获得数据。国家台网中心设立了指定网站（http://data.earthquake.cn和http://www.csndmc.ac.cn）用于发布地震波数据、地震目录、地震震相到时和地震震源机制解。

虽然中国科学院地质与地球物理研究所已经着手建立一个地震数据中心，但是目前国内还没有一个指定的网站用于收集、归档和发布各大学和研究机构各自采集的实验数据。这部分实验数据的收集、归档和发布目前依赖于各个研究机构和科学家个人。

我国第一个GPS地壳形变监测网于1988年在云南滇西建成。"八五"期间，全国重点构造活动区和主要地震带（滇西、川西、河西走廊、青藏高原、华北、

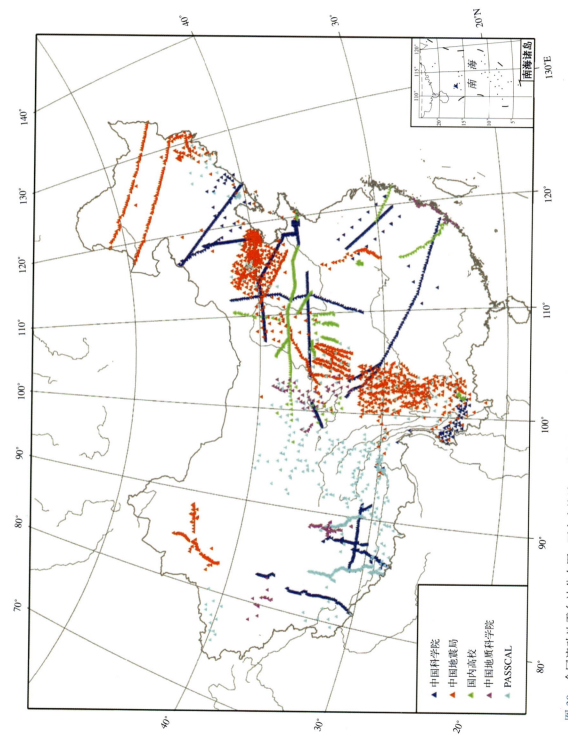

图30　全国流动地震台站分布图（不完全统计）。其中蓝、红、绿、桃红和浅蓝色三角形分别代表中国科学院，中国地震局，国内高校，中国地质科学院，以及美国大陆岩石圈台阵研究计划（PASSCAL）布设的流动地震台站位置。（整理及供图／支印双）

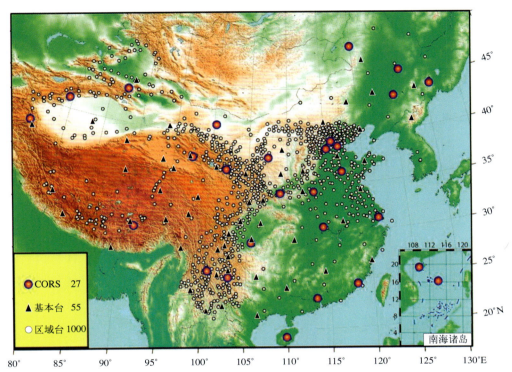

图 31　由基准网、基本网和区域网组成的中国地壳运动观测网络。基准网由 27 个 GPS 连续观测站（CORS）构成，基本网由 55 个定期复测的 GPS 站组成，区域网由 1000 个不定期复测的 GPS 站组成。（供图／中国地震局地壳运动监测工程研究中心）

新疆、福建东南沿海等）建立了 GPS 地壳形变监测网，近 200 个流动观测站。

"九五"期间，中国地震局牵头联合总参测绘局、中国科学院、国家测绘局联合实施的国家重大科学工程"中国地壳运动观测网络"，把已经建设的区域地壳形变观测网连成整体，并形成了由 27 个连续观测的基准站和 1055 个定期流动观测的区域站组成的地壳运动观测网络。"十一五"期间，中国地震局牵头联合总参测绘局、中国科学院、国家测绘局、中国气象局和教育部等部门，共同实施了国家重大科技基础设施建设项目"中国大陆构造环境监测网络"，在中国大陆及其周边建成了 260 个 GNSS 连续观测基准站、2000 个不定期复测的 GNSS 区域站、30 个连续观测重力站，并辅以 VLBI、SLR 和 InSAR 等其他空间对地观测手段，实现了全国范围大尺度地壳运动和大气变化的实时监测。为确保海量观测数据的统一收集、安全存储、及时共享和充分应用，项目建立了国家数据中心和共建各部门数据共享子系统。数据中心和共享子系统通过专网专线，实现了观测数据及数据产品的准实时传输。

建设一个高效的现代化地球物理观测系统，需要建设现代化的覆盖全国的地震和大地测量台网，创建一个先进的数据中心和采用一个科学的管理系统。

现代化地球物理观测系统的目标之一是建设先进的地震和大地测量台网，密集覆盖全国及其关键地带。在此建设中，台网设计、台站选点以及仪器选择应针对地震减灾和地震学中的根本科学问题。固定台网的设计需保证其台站在大震中正常运行。

现代化地球物理观测系统的目标之二是创建一个先进的数据中心负责数据采集、归档和发布。该中心须保证地震和大地测量数据的高质量，整合全国的地震和大地测量数据，以及奉行实时数据采集和数据公开的宗旨。数据质量控制需要有专业人员全天进行实时监督，同时保持数据中心、地震台网和大地测量台网相互反馈。数据中心需要持续地征集科研人员的反馈，指导和监督，并使台网管理人员和研究人员的协作常规化。实时数据采集和数据公开是大震时实时获得地震破裂过程和评估强地面运动的基本条件。同时，数据公开也是发展我国地震减灾基础研究和人才培养的必需条件。国内外经验表明，确保数据质量的最好的方法就是对学术界公开数据，以使数据质量从科学家中得到持续反馈。

现代化地球物理观测系统的目标之三是采用一套科学的管理系统征集广大学术界的参与、指导和监督。学术界的参与、指导和监督可确保观察数据高质量，以及台网设计、台站选点和仪器选择围绕根本科学问题。

为了实现这些目标，我国需要建立一个由国内高校和科学院联合的组织，团聚我国所有研究队伍，支持建设一个现代化地球物理观测系统。该组织将发挥类似于美国地震学联合研究会在地震减灾中和美国地质调查局相辅相成和紧密合作的关系，和中国地震局共同做好我国的防震减灾工作。

主要建议

- 建设现代化的覆盖全国的地震和大地测量台网，创建一个先进的数据中心和采用一套科学的管理系统。
- 建立一个类似于美国地震学联合研究会的机构，团聚我国所有研究队伍，支持建设一个现代化地球物理观测系统。

IRIS
美国地震学联合研究会

美国地震学联合研究会（Incorporated Research Institutions for Seismology，简称IRIS）是一个由高校联合组建的非营利性组织，其主要目标致力于地震减灾、学术研究、教育和《全面禁止核试验条约》的执行。资助主要来自于美国自然科学基金委，其每年支持经费约1300万美元；其他资助还来自于联邦机构、大学和个人。IRIS通过采集与发布地震数据，推动地震学的基础研究。IRIS奉行实时采集和开放数据的宗旨，通过有效的管理架构确保科学家参与IRIS设备的开发、项目的管理和政策的监督，同时集中科学优秀人才共同推动国家重大项目。IRIS台网和数据中心采用高效的数据质量控制程序，向全世界的研究人员提供高质量的数据。事实上，包括2008年汶川地震在内的大部分第一手地震科学研究结果都是

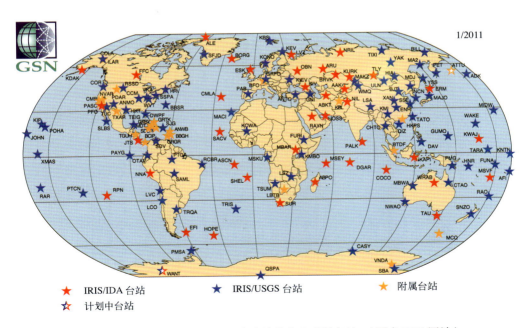

★ IRIS/IDA 台站   ★ IRIS/USGS 台站   ★ 附属台站
☆ 计划中台站

图32　全球地震台网：超过 150 个宽频固定台站分布在世界各地。（图自 IRIS 网站）

图 33　大陆岩石圈台阵研究计划（PASSCAL）：由科学家个人负责，在焦点区域布设流动地震仪和台阵，进行高分辨率实验的计划。（图自 IRIS 网站）

图 34　数据管理系统（DMS）：用于采集、存档和发布数据的系统，数据来自美国地震学联合研究会的设备，以及一些其他国家的地震台网和机构。（图自 IRIS 网站）

基于IRIS数据。IRIS支持了以下四个项目：全球地震台网（GSN）、大陆岩石圈台阵研究计划（PASSCAL）、数据管理系统（DMS）和教育拓展项目（E&O）。IRIS和美国地质调查局合作，建设和维护全球地震台网，其中美国地质调查局每年在自合作项目中资助约350万美元。

图35 教育和拓展项目（E&O）：通过设计各类创新项目，让更多从事非地震研究工作的人接触地震数据和知识，使研究和教育有效结合。（图自 IRIS 网站）

创建背景

创立美国地震学联合研究会的构想源自于20世纪80年代初地震学界的两个想法的融合。当时地震学界主要有两个组，其中一组致力于扩建和改进陈旧的全球数字地震台网，而另外一组则希望发展新一代的流动地震设备，用于进行大陆岩石圈的地震学研究。经过了一系列的会议和研习班，美国地震界于1994年成立了一个新的联合会，完成了建设一系列地震仪器的计划，对各种不同的地震学研究提供支持。成立IRIS的主要目的是为了促进地球内部的地球物理观测，以及加强联合会成员之间、成员与其他组织之间的交流和合作。

管理架构

　　IRIS的管理构架有效连接了科学家、科学组织、资助机构和IRIS的各种项目。每年约80名来自于成员机构的科学家组成理事会(Board of Director)、8个常务委员会（Standing Committee）和咨询小组 (Advisory Committee)，参与IRIS的管理和监督。9位理事会成员由所有会员机构的代表选举产生。常务委员会实行对项目的监督和指导，而项目经理则负责项目的日常事务。委员会和理事会与由总裁、规划总管、项目管理总管、财务总管以及5位项目经理领导的IRIS工作人员保持紧密交流，以确保各项目平衡发展。

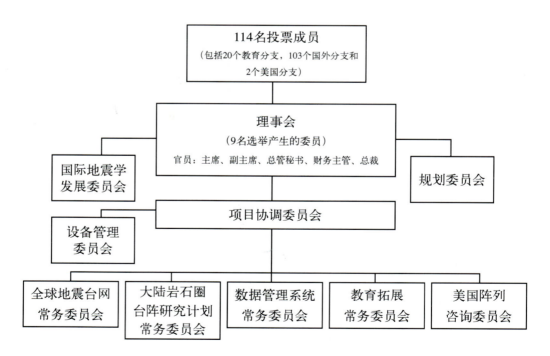

图 36　IRIS 管理架构。

EarthScope
地球探测计划

地球探测计划（EarthScope）是美国一个开创性的地学研究计划。该计划利用先进的仪器探索北美的地下三维结构、地表形变，以及地震和火山的成因。地球探测计划由UNAVCO数据中心、美国地震学联合研究会（IRIS）、斯坦福大学、美国地质调查局（USGS）和美国国家航空航天局（NASA）共同合作运营。建立和运行地球探测计划中需要的基础设施与设备的资金由美国自然科学基金会直接提供，每年约1400万美元。另外，美国自然科学基金会还专设一个地球探测计划基金，用来支持各个组织和个人利用地球探测计划的资料进行的科学研究项目。地球探测计划奉行实时采集和开放数据的宗旨，学术界和数据中心的相互交流保证了数据的高质量。地球探测计划执行办公室由各个高校轮流承担，执行办公室的主要工作包括科学研究计划的制订和日常事务安排。

地球探测计划中设置的现代地球物理观测系统在全美范围内有极高的台站覆盖率。计划包括以下四种新型观测部分：美国地震台网（USArray）、圣安德烈斯断层深部观测站（SAFOD）、板块边界观测台网（PBO）和合成孔径干涉雷达（InSAR）。

美国地震台网包括美国境内密集覆盖的固定台站和10年内覆盖全美的流动台站。它包括四个部分：地震移动台网、轻便台阵、标准台网和大地电磁移动台网。美国地震台网的核心项目是由400个宽带地震检波器构成的地震移动台网，该移动台网将组成一个平均间隔为70 km的台阵，从西海岸逐渐移动到东海岸，台阵在每个点布置的时间为1~2年，台网向数据中心提供实时数据。轻便台阵由约2400个包括宽频、低频和高频的便携式地震检波器构成，用于对关键地区进行高密度短期观测。标准台网由170个平均间隔为300 km的台站组成，包括130个原有的高质量台站和29个升级的台站。大地电磁移动台网则包括7个台站组成的标准台阵和20个便携式台站组成的移动台阵，移动台阵在一个地区布置1个月。

圣安德烈斯断层深部观测站是在圣安德烈断裂带附近的深部钻井项目。钻井

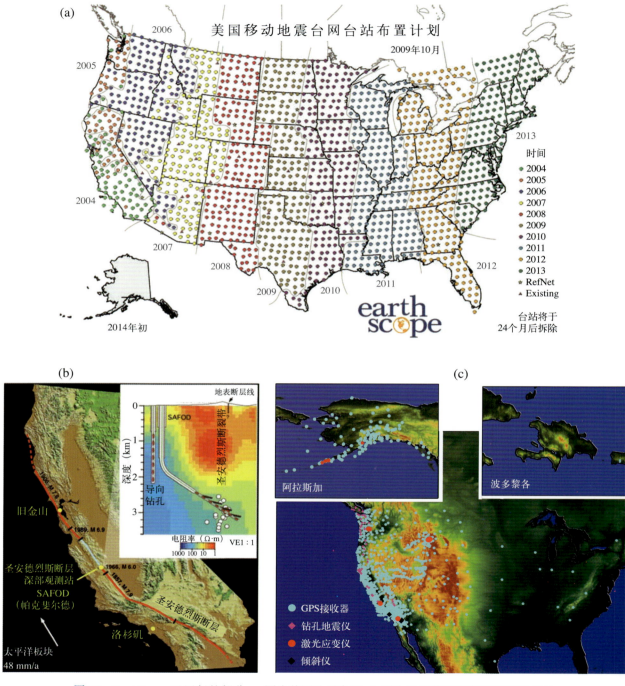

图 37　EarthScope 已运行的部分。a 图为美国地震台网；b 图为圣安德烈斯断层深部观测站；c 图为板块边界观测台网。(图自 http://www.usarray.org/public/about/when, http://www.nsf.gov/od/lpa/news/03/pr03120_images.htm, http://www.earthscope.org/observatories/safod, http://www.earthscope.org/es_doc/onsite/Su10_StressRatesSAF.pdf)

位于圣安德烈断裂带西南1.8 km处，是1966年的帕克斐尔德6级地震震源的最北端。圣安德烈斯断层深部观测站钻井垂直向下3.2 km，然后水平延伸1.8 km到达重复地震断裂带；另外一个预备钻井位于相同位置垂直向下2.2 km，主要用于圣安德烈斯断层深部观测站的前期准备工作。通过对钻井过程中获得的岩石和流体取样进行实验分析，测量和监测井内的物质成分、形变机制、摩擦本构定律和物理性质。已经或即将展开的研究目标包括地震结构高精度剖面图、空气和地表重力以及磁力图、钻井浅部的热力学和地球化学、大地电磁场、微型地震定位和地震断层摄影图。

板块边界观测台网是由固定的遥感GPS接收器、应变仪、倾斜仪和钻孔地震仪组成的大地测量台网。板块边界测量站包括以下几个部分：中枢网络、便携式遥感GPS接收器组成的轻便台阵和国家数据中心。中枢网络中由遍布美国的GPS接收器组成，台阵的平均间隔为100～200 km。重点布台的区域包括圣安德烈断裂带临近地区、卡斯卡底古路俯冲带、盆地和山地以及火山活动区域，如黄石火山口、长谷火上口、卡斯卡底火山群。轻便台阵主要用于连续的GPS接收器覆盖率低的地方，通过一段时间的布置来加强这些区域的覆盖率。目前板块边界观测站共有1100个固定遥感GPS接收器、78个钻孔地震仪、74个钻孔应变仪、26个倾斜仪和6个激光应变仪。数据的收集都是实时或者近实时的。

地球探测计划还希望通过发射合成孔径干涉雷达来研究板块边界观测站无法测量的应变场。这项计划将和美国国家航天航空局合作，但是目前尚在计划中。一旦发射，合成孔径干涉雷达的空间分辨率为100 m，并每8天完成一次边界板块的扫描。最终的应变场的分辨率将达到1 mm。合成孔径干涉雷达项目将建立一个数据中心来实现数据的收集、归档和发布。

Hi-net
日本高灵敏度地震台网

在1995年神户大地震后，日本政府建立了地震研究推进本部，并设立了庞大的地震研究计划。高灵敏度地震台网（Hi-net）计划是其中之一。Hi-net于2003年4月建成，由日本防灾科学技术研究所（NIED）负责建设和管理，其中包括了696个台站，以20～30 km的间距覆盖日本本土。台站分布在噪音相对比较小的地区，大多数台站安放在100～200 m深的钻井下，少数位于市区内的台站则通过深钻，放置在1000～3500 m深的基岩上。防灾科学技术研究所的数据中心可以实时监测和遥控每个台站，并有专人进行全天不间断监测"Hi-net系统"和仪器的报错信息。系统能够监测地震事件，并自动选取震相和定位震源。日本气象局将会利用接收到的数据，观测地震活动并向公众发布地震速报。东京大学也将实时接收到地震数据，并转发给其他学校的研究人员。Hi-net的所有数据通过互联网（http://www.hinet.bosai.go.jp/）向全世界所有研究人员开放。

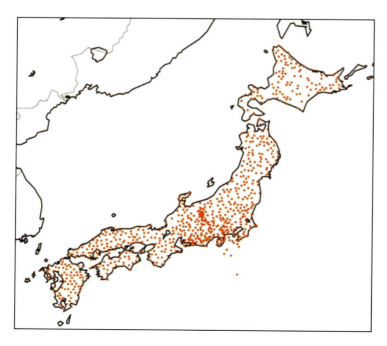

图 38　日本高灵敏度地震台网 Hi-net。红色圆点表示台站的位置。（供图／陈彧）

重大工程二

建立和实施地震学教育拓展计划

　　地震减灾需要综合地质、物理、土木工程、计算机、电子仪器、遥感和公共政策等领域的知识。地震学是一门联系科学和广泛社会领域的定量学科。除了应用于评估和减轻地震灾害外，地震学在火山监测、滑坡和核试验监测等具有重大社会和政治影响的科学前沿中也扮演着举足轻重的角色。同时，地震学为我们打开了探索地球内部的窗户，使我们了解我们不断演化的星球，让我们开发和利用自然资源。推进地震学各个科学前沿的突破和人才的培养及引进是国家发展的需求。

　　增强我国地震学研究水平并让其持续发展需要公众和政府的支持，以及年轻优秀人才的加盟。为此，地震学需要一个强有力的教育拓展计划来加强国人和国家相关部门对地震科学的认知、兴趣和了解。大震来临时，地震学界也有责任向公众提供地震本身的全面信息和地震学的研究前沿。因此，我国地震减灾工作中的重大工程之二就是建立和实施国家地震学教育拓展计划。

　　教育拓展计划之一建议建立一个权威机构和平台在地震来临时向公众提供地震发生的信息、地震相关现象的科学解释和目前地震科学的前沿。一个大地震的发生会立即吸引公众对地震和地震科学的关注。这时需要科学界和相关机构及时准确地向公众传达地震的最新科学信息、地震的一般常识和地震预防的基本知识。这是地震学界的基本职责之一。在这种场合，科学主导的教育拓展活动可以帮助公众了解发生了什么，什么正在发生和接下来会发生什么。同时，这种场合也提供了一个可以显著提升公众对地震科学的认知、兴趣和了解的机会。这样的平台需要长期积累地震知识和宣传材料，培训地震专家公众交流的技巧，增强震后震情快速评估的能力，以及加强地震学家、地质学家和工程专家的相互配合。

　　教育拓展计划之二建议成立一个专门的组织来制定和实施一个对社会公众、

图 39 中国科学技术大学学生地震实习。（供图 / 史进良）

中学生、大学生和一般科学团体进行长期地震科学教育和宣传的计划。这些计划的目的包括如下几个方面：①给公众提供持续的地震教育，提高公众对地震灾害、地震发生和地震预防的基本常识；②促使资助机构、政策制定者、政府机构和普通民众意识到地震学的重要性；③吸引年轻优秀人才从事地震研究事业。具体的拓展教育计划可包括开展一系列的科普研讨会、建立广泛分布的教育实习基地，和提供给大学相关的仪器设备和教育软件，如地震仪以及显示和解释地震记录的教育软件等。公众拓展教育还可以通过诸多方式加强，包括举办著名的公众科学讲座节目、地震博物馆展出和创建丰富多彩的教育网页。为了有效地制定和实施这项教育拓展计划，这个专门组织应该与中学教师、大学、中国地震局、中国科学院的相关研究所、省地震中心、科学新闻记者和科学博物馆紧密合作。

教育拓展计划之三应针对国内大学。这也是计划中尤其重要的一部分。跟美国相比，其主要大学都拥有地震学及相关专业的教学和研究，我国则只有少数大学开设地震学或者固体地球物理学的本科专业。国内高校如此缺乏地震学教育的现状，跟学科本身的重要性、国家对资源和环境的关注，以及核试验监测的国家安全方面的需求极不相配。我们特别呼吁教育部和全国高校领导对地震学加以重视和关注。

主要建议

- 建立指定的交流中心以快速发布地震信息与科普知识。
- 建立一个联合国内各大学和科学院研究所的机构专管长期教育拓展计划。
- 建立一个代表中国地震学界的专门机构，向政府机构和大学领导层倡导地震学。

本书提出了在我国地震减灾中地震学面临的七个巨大挑战和两个全国性的重大工程。巨大挑战针对地震减灾中的这些重大科学问题：为什么会发生地震以及地震怎么发生？地震产生的地表强地面运动是什么样的？地震在我国是怎么分布的？地震与地球表面的形变和应力分布的关系是什么？地震与印度—欧亚板块碰撞之间的关系是什么？地震与近地表介质及应力随时间变化的关系是什么？产生地震的驱动力是什么？七个巨大挑战是理解：

- 地震断层的破裂过程
- 近地表环境对地震灾害的影响
- 中国区域构造块体的相互作用与地震的关系
- 中国地表应变和应力的分布与地震的关系
- 青藏高原的内部结构、形变和隆升对地震灾害的影响
- 地球近地表随时间的变化与地震的关系
- 地球内部结构和动力过程与地震的关系

为了迎接这些巨大挑战，国家需要大幅度支持观测台网和基础设施的建设，增强计算设备，以及发展地震学及其相关学科的基础研究。观测台网和基础设施的建设包括增加全国和一些关键区域的地震台站和大地测量台站的覆盖率。基础研究所支持的方向须包括：在研究震源、地震波传播、土壤非线性响应、地球内部结构、地球动力学、地表结构和应力随时间的变化、全国应力和应变分布等方面方法的创新和理论的突破，岩石破裂理论的发展和实验研究的开展，以及对震后弛豫效应的动力学模拟。另外，本书建议成立专门的研究中心，探索我国盆地的精细结构和盆地对于强地面运动的影响。

在全国范围内，迎接这些巨大挑战必需的两个重大工程包括：

- 建设一个现代化的地球物理观测系统
- 建立和实施地震学教育拓展计划

建设一个高效的现代化地球物理观测系统，除在全国范围内覆盖密集的地震台网和大地测量台网外，还需创建一个先进的数据中心负责数据采集、归档和发布，和一套科学的管理系统征集广大学术界的参与、指导和监督。现代化的地球物理观测系统需要保证数据的质量，奉行实时数据采集和数据公开的宗旨。书中特别建议，我国需要建立一个由国内高校和科学院联合的组织，团聚我国所有研究队伍，支持现代化地球物理观测系统的建设和促进国内地震灾害方面的基础研究。该组织将发挥类似于美国地震学联合研究会在地震减灾中和美国地质调查局的相辅相成和紧密合作的关系，和中国地震局共同做好我国的防震减灾工作。

教育拓展计划之一建议建立一个权威机构和平台在大震来临时向公众提供地震发生的信息、地震相关现象的科学解释和目前地震科学的前沿。这样的平台需要长期积累地震知识和宣传材料，培训地震专家公众交流的技巧，增强震后震情的快速评估能力，以及加强地震学家、地质学家和工程专家的相互配合。教育拓展计划之二建议成立一个专门的组织来制定和实施一个对社会公众、中学生、大学生和一般科学团体进行长期地震科学教育和宣传的计划。教育拓展计划之三特别呼吁教育部和全国高校领导对地震学加以重视和关注。跟美国相比，美国主要大学都拥有地震学及相关专业的教学和研究，我国则只有少数大学开设地震学或者固体地球物理学的本科专业。国内高校如此缺乏地震学教育的现状，跟学科本身的重要性、国家对资源和环境的关注，以及核试验监测的国家安全方面的需求极不相配。

　　虽然本书仅涉及了地震学在地震减灾中的角色，但是地震学在火山监测、滑坡和核试验监测等具有重大社会和政治影响的科学前沿中也扮演着举足轻重的角色。同时，地震学为我们打开了探索地球内部的窗户，使我们了解我们不断演化的星球，让我们开发和利用自然资源。推进地震学各个科学前沿的突破和人才的培养及引进是国家发展的需求。

参考文献

邓起东. 2007. 中国构造块体划分及地震分布图//中国活动构造图. 北京：地震出版社.

郑秀芬，欧阳飚，张东宁等. 2009."国家数字测震台网数据备份中心"技术系统建设及其对汶川大地震研究的数据支撑. 地球物理学报，52(5):1412–1417.

Brenguier F, Campillo M, Hadziioannou C, et al. 2008. Postseismic relaxation along the San Andreas fault at Parkfield from continuous seismological observations. Science, 321(5895):1478–1481.

Calais E, Dong L, Wang M, et al. 2006. Continental deformation in Asia from a combined GPS solution. Geophys Res Lett, 33(24):1–6.

Cheng X, Niu F L, Wang B S. 2010. Coseismic velocity change in the rupture zone of the 2008 M_W 7.9 Wenchuan earthquake observed from ambient seismic noise. Bull Seismol Soc Am, 100(58):2539–2550.

Heidbach O, Tingay M, Barth A, et al. 2008. The World Stress Map database release 2008. doi:10.1594/GFZ.WSM.Rel 2008.

Laske G, Masters G. 1997. A global digital map of sediment thickness. Eos Trans AGU, 78: F483.

Toda S, Lin J, Meghraoui M, et al. 2008. 12 May 2008 M = 7.9 Wenchuan, China, earthquake calculated to increase failure stress and seismicity rate on three major fault systems. Geophys Res Lett, 35:L17305.

Wang M, Shen Z K, Niu Z J, et al. 2003. Contemporary crustal deformation of Chinese continent and tectonic block model. Sci China Ser D, 33(Suppl):21–32.

Wen L X, Long H. 2010. High-precision location of North Korea's 2009 nuclear test. Seismol Res Lett, 81(1):26–29.

Wen L X, Anderson D L. 1995. The fate of slabs inferred from seismic tomography and 130 million years of subduction . Earth Planet Sci Lett, 133(1/2):185–198.

Xia K, Rosakis A J, Kanamori H. 2004. Laboratory earthquakes: The sub-Rayleigh-to-supershear rupture transition. Science, 303(5665):1859–1861.

Zhang H J, Thurber C, Bedrosian P. 2009. Joint inversion for V_P, V_S, and V_P/V_S at SAFOD, Parkfield, California. Geochem Geophys Geosyst,10:Q11002.

致 谢

本咨询研究报告得到了中国科学院地学部、国家自然科学基金委员会地球科学部、中国地震局科技委的资助和大力支持，研究组对此深表感谢。

为编写这份咨询报告，从2010年年中开始，先后召开过6次学术研讨会，国内外约30位学者参加了研讨会，发表了许多很好的意见和建议，许多学者还提供了书面材料和大量图表。

在研讨会之外，许多地震学科方面的院士和专家也十分关心这份咨询研究报告，提出了许多建议和意见，研究组获益匪浅。除了列入作者名单的，这些院士和专家还有：秦大河、姚振兴、滕吉文、柴育成、胡春峰、张先康、王克林、石耀霖、刘光鼎、杨文采等。

王巍和张淼在咨询报告的初稿修改过程中提了很多珍贵意见。

李丽、申倚敏、田柳、史翔、刘豫祥等同志为咨询报告的组织和出版做了大量工作。

对于以上单位和个人的贡献，研究组牢记在心，深表感谢。

研究组认识到，本报告局限在地震学学科在减轻灾害方面的科学挑战和重大工程，突出在今后不长时间内，学科的发展和突破带来减灾的实效。我们希望这份报告是一份有用的报告，我们也希望大家能对报告的不足给予谅解，更希望能对报告提出批评和建议。